中国消防救援学院规划教材

森林灭火安全

张志强　张　勇　孙　辉　编

应急管理出版社

·北　京·

图书在版编目（CIP）数据

森林灭火安全/张志强，张勇，孙辉编．-- 北京：应急管理出版社，2024

中国消防救援学院规划教材

ISBN 978 - 7 - 5237 - 0543 - 8

Ⅰ．①森…　Ⅱ．①张…　②张…　③孙…　Ⅲ．①森林灭火—安全技术—高等学校—教材　Ⅳ．①S762．3

中国国家版本馆 CIP 数据核字（2024）第 091923 号

森林灭火安全（中国消防救援学院规划教材）

编　　者　张志强　张　勇　孙　辉
责任编辑　闫　非　王一名
责任校对　赵　盼
封面设计　王　滨

出版发行　应急管理出版社（北京市朝阳区芍药居 35 号　100029）
电　　话　010 - 84657898（总编室）　010 - 84657880（读者服务部）
网　　址　www. cciph. com. cn
印　　刷　河北鹏远艺兴科技有限公司
经　　销　全国新华书店

开　　本　787mm × 1092mm 1/16　**印张**　11　**字数**　236 千字
版　　次　2024 年 7 月第 1 版　2024 年 7 月第 1 次印刷
社内编号　20231590　　**定价**　33. 00 元

前　言

中国消防救援学院主要承担国家综合性消防救援队伍的人才培养、专业培训和科学研究等任务。学院的建设与发展，对于加快构建消防救援高等教育体系、培养造就高素质消防救援专业人才、推动新时代应急管理事业改革发展，具有重大而深远的意义。学院秉承“政治引领、内涵发展、特色办学、质量立院”办学理念，贯彻对党忠诚、纪律严明、赴汤蹈火、竭诚为民“四句话方针”，坚持立德树人，坚持社会主义办学方向，努力培养政治过硬、本领高强，具有世界一流水准的消防救援人才。

教材作为体现教学内容和教学方法的知识载体，是组织运行教学活动的工具保障，是深化教学改革、提高人才培养质量的基础保证，也是院校教学和学术科研水平的重要反映。学院高度重视教材建设，紧紧围绕人才培养方案，按照“选编结合”原则，重点编写专业特色课程和新开课程教材，有计划、有步骤地建设了系列具有学院专业特色的规划教材。

系列教材以马克思列宁主义、毛泽东思想、邓小平理论、“三个代表”重要思想、科学发展观、习近平新时代中国特色社会主义思想为指导，以培养消防救援专门人才为目标，按照专业人才培养方案和课程教学大纲要求，在认真总结实践经验，充分吸纳各学科和相关领域最新理论成果的基础上编写而成。教材在内容上主要突出消防救援基础理论和工作实践，并注重体现科学性、系统性、适用性和相对稳定性。

本教材由中国消防救援学院讲师张志强、副教授张勇、副教授孙辉共同编写。具体分工：张勇编写绪论与第一、二、三章，张志强编写第四、五、六、七、八、十章，孙辉编写第九、十一章。

系列教材在编写过程中，得到了国家消防救援局、相关院校及科研院所的大力支持和帮助，谨在此深表谢意。

由于编者水平所限，教材中难免存在不足之处，恳请读者批评指正，以便再版时修改完善。

中国消防救援学院教材建设委员会

2023年12月

目 录

绪论 …… 1

第一章 危险自然环境 …… 9

第一节 危险气象因素 …… 9

第二节 危险可燃物因素 …… 15

第三节 危险地形因素 …… 17

第二章 危险林火行为 …… 27

第一节 危险林火种类 …… 27

第二节 特殊林火行为 …… 28

第三节 林火行为指标 …… 33

第三章 火场危险情形 …… 38

第一节 火场危险三角 …… 38

第二节 危险时段分布 …… 41

第三节 伤亡主要情形 …… 43

第四章 队伍机动安全 …… 45

第一节 集结与开进安全 …… 45

第二节 接近火场安全 …… 50

第三节 撤离与转场安全 …… 52

第五章 灭火行动安全 …… 55

第一节 扑打火线安全 …… 55

第二节 清理火场安全 …… 59

第三节 野外宿营安全 …… 61

第六章 火场紧急避险 …… 66

第一节 火场紧急避险的概念及特点 …… 66

第二节 火场紧急避险的原则及要求 …… 67

第三节　火场紧急避险常用方法 …… 69
第四节　火场紧急险情处置 …… 73

第七章　火场紧急救护 …… 83

第一节　烧伤的紧急处置 …… 83
第二节　一氧化碳中毒的紧急处置 …… 86
第三节　动物咬伤的紧急处置 …… 87

第八章　迷山救援行动 …… 94

第一节　迷山自救 …… 94
第二节　人员搜救 …… 98

第九章　装备使用安全 …… 104

第一节　重型装备使用安全 …… 104
第二节　轻型装备使用安全 …… 109

第十章　安全技能训练 …… 114

课目一　单兵避险基础动作训练 …… 114
课目二　班（组）火场紧急避险训练 …… 117
课目三　分队火场紧急避险训练 …… 122
课目四　森林消防单兵安全技能训练 …… 127
课目五　森林火场心理行为训练 …… 135
课目六　单个火场障碍物通过训练 …… 140
课目七　火场紧急救护训练 …… 142
课目八　野外人员搜救训练 …… 146

第十一章　典型案例分析 …… 154

案例一　2004 年福建古田“4・20”森林火灾 …… 154
案例二　2010 年四川道孚“12・5”山地灌丛草地火灾 …… 155
案例三　2019 年山西沁源“3・14”森林火灾 …… 157
案例四　2019 年四川木里“3・30”森林火灾 …… 158
案例五　2020 年四川西昌“3・30”森林火灾 …… 159
案例六　2001 年美国“三十英里”森林火灾 …… 161
案例七　2005 年西班牙莫利纳和阿尔托塔霍地质公园保护区森林火灾 …… 164

参考文献 …… 168

绪 论

森林火灾是一种极其危险的自然灾害，被联合国粮农组织确定为世界八大自然灾害之一，具有突发性强、破坏性大、危险性高、处置扑救难等特点。由于森林火灾发生在自然开放的生态系统里，参与救援行动的人员、装备、车辆多，一旦处置不慎，极易造成人员群死群伤。因此，森林灭火安全是世界各林业大国面临的共同课题。

一、世界森林灭火安全形势

（一）森林火灾形势日益严峻

近年来，受全球气候变暖及厄尔尼诺现象等因素的影响，世界范围森林火灾频发，森林火灾又到了一个历史高发时期。2019 年，全球发生森林火灾 17. 5 万起，受害森林面积为 132. 1 万 hm^2。2020 年，全球发生森林火灾 18. 8 万起，受害森林面积为 640 万 hm^2。2021 年，全球森林火灾呈现爆发态势，美国、加拿大、澳大利亚、巴西、西班牙、希腊等国森林火灾发生的数量均处于本国的历史高位。据统计，2021 年，美国发生山火超过 4. 34 万起，过火面积超过 200 万 hm^2；加拿大过火面积超过 340 万 hm^2，其中不列颠哥伦比亚省发生山火达 1251 次，过火面积达 4. 5 hm^2；2021 年 1—8 月，巴西六大生态系统（亚马孙热带雨林、潘塔纳尔湿地、大西洋沿岸热带雨林保护区、潘帕斯草原、卡廷加群落、塞拉多保护区）共爆发了近 90 万起火灾，仅 8 月，亚马孙雨林就发生了 2. 8 万起火灾；2021 年 1—8 月，西班牙山火烧毁森林面积达 7. 4 万 hm^2；2021 年 7 月 29 日至 8 月 11 日，希腊林火过火面积超 9. 36 万 hm^2。

频繁发生的森林火灾不仅烧毁林木，直接减少森林面积，而且严重破坏森林结构和生态环境，导致森林生态系统失去平衡，甚至威胁人民生命财产安全，影响国家安全和社会稳定。例如：2010 年 12 月 2—6 日，以色列发生建国 62 年来最严重的森林火灾，大火造成 42 人死亡，3 万人紧急疏散。2017 年 10 月 8—19 日，美国加利福尼亚州北部旧金山湾区多地爆发山火，造成至少 42 人死亡、180 余人受伤、数百人失踪。2017 年 12 月 4 日至 2018 年 1 月 7 日，美国加利福尼亚州南部再度爆发山火，造成 2 人死亡。2017 年 6 月 17—21 日，葡萄牙中部大佩德罗冈地区发生的森林火灾，大火造成 62 人遇难，54 人受伤；10 月 15—21 日，葡萄牙北部和中部发生森林大火，造成 41 人死亡，71 人受伤，1 人失踪。2018 年 7 月 27 日至 8 月 14 日，美国加利福尼亚州爆发森林火灾，造成 8 人死亡，4 人失踪。2018 年 7 月 23—30 日，希腊首都雅典西部基内塔地区多处发生山火，最终造成 91 人遇难，25 人失踪。2019 年 9 月 6 日至 2020 年 2 月 10 日，澳大利亚森林火灾持续燃烧近 7 个月，过火面积接近 1170 万 hm^2，造成 33 人死亡，12.5 亿只动物葬身山火，是人类近百年历史上遭遇的最严重、受灾规模最大的自然灾难之一。2021 年 8 月 9—18 日，阿尔及利亚北部地区发生多起森林火灾，造成 90 人遇难。

（二）森林火灾损失持续增加

随着人类居住范围的不断扩展，与森林区域衔接更加紧密，日益高发的森林火灾对人们的影响不断深入，火灾所造成的伤亡也持续增加。2010 年 7—8 月，俄罗斯发生森林大火，过火总面积超过 85 万 hm^2，造成 53 人死亡，1900 栋房屋被毁，3500 多人无家可归。大火还烧毁了 1 处大型军事基地，损失了 200 多架战斗机。2019 年，巴西亚马孙雨林发生丛林大火，导致全球一氧化碳和二氧化碳的排放量明显飙升，不仅对人类的健康构成威胁，还加剧了全球气候变暖，造成巨大的生态灾难。2017 年到 2022 年间，美国连年发生森林大火，频频刷新历史纪录。2018 年的“坎普”山火，烧毁土地 620 km^2，将加利福尼亚州著名的天堂小镇付之一炬，造成 82 人死亡、400 多人失踪；2020 年美国西部再次爆发大规模山火，过火面积达到 260 多万 hm^2，至少造成 36 人死亡，50 万人被紧急撤离。

（三）灭火安全仍是世界性难题

目前，对于一般性的森林火灾，可以预防和扑救，但对于特大森林火灾，各国都无能为力。但恰恰就是这占比不到 5% 的特大森林火灾，过火面积占到森林火灾过火总面积的 95% 以上，极易造成居民及灭火人员的伤亡。世界烧毁面积 100 万 hm^2 以上特大森林火灾统计见表 0－1。

表 0－1　世界烧毁面积 100 万 hm^2 以上特大森林火灾统计表

森林大火地点	年份	烧毁面积/万 hm^2	说　明
美国威斯康星州东北	1871	150	1500 人死亡
美国爱达荷州	1910	121.5	87 人死亡
美国加利福尼亚州	1970	2000	烧毁房屋 700 座，16 人死亡
澳大利亚	1976	11700	燃烧 7 个月
中国大兴安岭	1987	114	213 人死亡，226 人受伤
俄罗斯西伯利亚	2003	2200	火灾使西伯利亚永冻土遭到破坏，温度升高
美国阿拉斯加州	2004	260	发生火灾 701 起，燃烧 2 个月
玻利维亚	2010	150	发生火灾 2.5 万多起，亚马孙河段受损严重
加拿大西北地区	2014	350	发生火灾 150 多起，烟雾影响至西欧多国
澳大利亚	2019	1170	燃烧近 7 个月，33 人死亡，12.5 亿只野生动物葬身火海
美国夏威夷州	2023	800	115 人死亡，385 人失踪

二、我国森林灭火安全形势

（一）森林火灾形势依然严峻

我国历史上是一个森林火灾高发生率和高伤亡率的国家。据国家森林草原防灭火指挥部统计，从新中国成立到2019年底，因森林草原火灾伤亡35872人，其中死亡6148人，平均每年伤亡512人，这个数字触目惊心。1987年，震惊世界的“5·6”大兴安岭特大森林火灾发生以后，党和国家对森林防火工作更加重视，我国的森林火灾防控取得了显著成绩。1988年以前我国年均发生森林火灾近1.6万次，年均受害森林面积为95万hm^2，年均伤亡788人。根据国家统计局官网显示，2013—2022年，全国年均森林火灾次数为2312.6次，年均受害森林面积为1.26万hm^2，年均伤亡人数为50人。与1987年之前相比，分别下降了85.5%、98.7%和93.7%，如图0-1至图0-3所示。

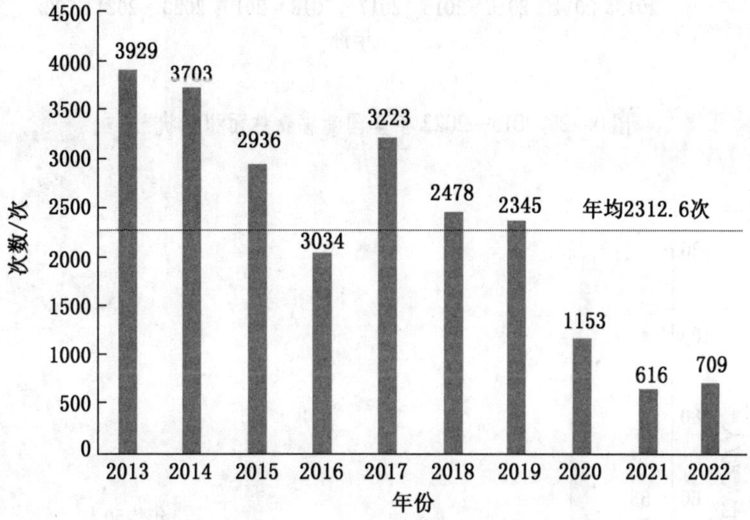

图0-1 2013—2022年全国森林火灾次数柱状图

近年来，我国森林火灾预防和扑救能力得到极大提高，但也应当清醒地认识到，我国森林火灾的整体防控形势依然严峻。随着造林绿化速度加快，森林面积大量增加，森林防火任务日趋繁重。根据我国第9次森林资源清查（2014—2018年）显示，我国森林面积达2.2亿hm^2，森林覆盖率为22.96%，森林蓄积为175.60亿m^3，天然林面积为1.4亿hm^2，蓄积为141.08亿m^3，人工林面积为0.80亿hm^2，蓄积为34.52亿m^3，人工林面积仍居世界首位，森林面积和森林蓄积均居世界第5位。同时，随着天然林保护工程的实施，可燃物载量逐年积累，进一步加大了森林火灾防控力度。加之全球气候异常、“厄尔尼诺”现象和“拉尼娜”现象日益频繁及干旱、高温、大风天气增多等原因，都给我国未来森林防火工作带来极大困难。

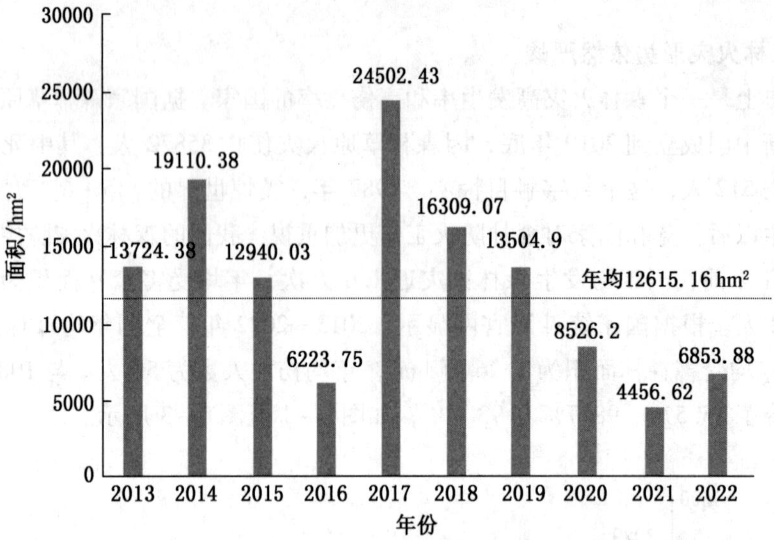

图 0－2　2013—2022 年全国受害森林面积柱状图

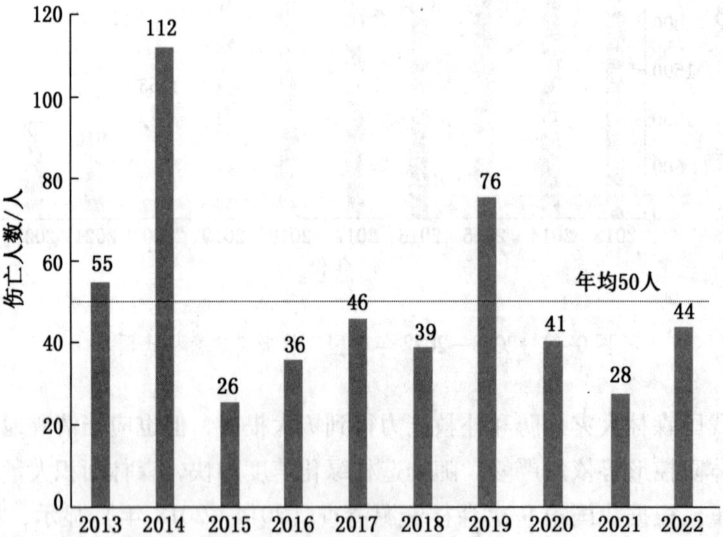

图 0－3　2013—2022 年全国森林火灾伤亡人数柱状图

（二）火灾风险防控难度增加

森林火灾风险是长期存在的，防控重大风险、保护森林资源，就是在保护人类自身的安全。目前，我国预防、扑救森林火灾和林火管理的科技含量还比较低，不适应繁重灭火任务需要，每次扑救森林火灾投入大量的人力、物力、财力和精力，存在巨大安全隐患。

随着林业改革、产业结构调整和经济发展，进入林区进行生产活动人员增多，火源成倍增长且管理难度越来越大，森林防火工作面临新的困难。传统的东北内蒙古林区、东南低山丘陵林区、西南高山林区风险隐患仍然居高不下，中朝、中俄、中蒙、中缅、中哈等边境林区境外火侵入风险长期存在；华中、华东、东南等地区风险持续攀升。近年来，辽宁棋盘山、广东佛山、河南辉县、山东青岛、福建厦门等历史上森林火灾发生较少的地区，都相继发生了森林火灾。特别是大小兴安岭、长白山、秦岭、河北塞罕坝、四川凉山、云南迪庆、西藏林芝的集中连片的林区，一旦遭遇极端恶劣气象条件，极易发生特大火灾。

（三）灭火安全面临压力较大

森林火灾扑救是人与自然的抗争，也是一种紧张、激烈的高危性作业，稍有不慎就可能使正在扑救的人员瞬间转变为受害对象，造成人员伤亡。虽然我国高度重视灭火安全工作，加强灭火全过程的安全管控，但受林火发生特点、特殊林火行为、人员专业能力等多重因素影响，灭火伤亡还是时有发生。震惊世界的1987年“5·6”大兴安岭特大森林火灾，燃烧了28天，过火面积114万hm^2，烧毁了3个县城、8个林场，最终造成500余人死伤。2019年和2020年，我国连续在四川凉山木里县和西昌市发生两起森林火灾，共计造成50名消防队员和地方干部群众牺牲。这些灭火伤亡事件给党和国家造成巨大损失，给伤亡者本人和家庭带来巨大悲痛，教训极其深刻。当前，受气候变暖、森林资源持续增加、传统习俗和旅游经营活动等多重因素影响，我国森林火灾仍然处于高发状态，带来的灭火安全隐患依然长期存在。

三、森林灭火安全重要意义

（一）做好森林灭火安全工作是新时代的客观要求

森林灭火安全是一个世界性难题，学习掌握森林火灾扑救安全知识，是落实“以人为本”的重要举措，是每名森林消防员必须具备的专业技能，是实现森林火灾扑救安全高效的重要保证。按照受害森林面积和伤亡人数，将森林火灾分为一般森林火灾、较大森林火灾、重大森林火灾和特别重大森林火灾。

（1）一般森林火灾：受害森林面积在1 hm^2以下或者其他林地起火的，或者死亡1人以上3人以下的，或者重伤1人以上10人以下的。

（2）较大森林火灾：受害森林面积在1 hm^2以上100 hm^2以下的，或者死亡3人以上10人以下的，或者重伤10人以上50人以下的。

（3）重大森林火灾：受害森林面积在100 hm^2以上1000 hm^2以下的，或者死亡10人以上30人以下的，或者重伤50人以上100人以下的。

（4）特别重大森林火灾：受害森林面积在 1000 hm^2 以上的，或者死亡 30 人以上的，或者重伤 100 人以上的。

上述表述中，“以上”包括本数，“以下”不包括本数。

近年来，我国牢固树立“人民至上、生命至上”理念，提出把人民生命安全放在第一位，森林灭火安全工作日益受到广泛关注。国家陆续出台了相应文件和举措，包括衔接好“防”和“救”的责任链条、层层压紧压实各方灭火责任、开展野外火源专项治理行动、制定《国家森林草原火灾应急预案》、完善装备体系建设、抓好森林消防队伍的核心能力建设、在全国范围开展大规模培训等。随着各项政策法规措施的出台，我国的森林防灭火工作将步入一个新的历史发展阶段。2022 年 10 月，党的二十大报告进一步强调，“建设更高水平的平安中国，以新安全格局保障新发展格局”，对森林灭火安全工作提出更高的要求。

（二）做好森林灭火安全工作是应急人的历史责任

党的十八大以来，以习近平同志为核心的党中央站在推进国家治理体系和治理能力现代化的高度，把加强应急管理和应急能力建设、防范化解重大安全风险摆到国家重要位置，坚持底线思维，增强忧患意识，提高防控能力，着力防范化解重大风险。2018 年 4 月，应急管理部组建，将原国家林业局的森林防火职能和原农业部的草原防火职能进行整合，同时，国家森林草原防灭火指挥部也进行了重新调整，我国森林草原防灭火新的应急管理体系初步建立。在近几年的实践中，机构改革后国家森林草原防灭火的体制机制优势进一步显现，齐抓共管的工作合力不断增强。但是，应当清醒地看到工作中仍然存在应急预案不完善、火源管控难度大、专业力量不足、基础设施薄弱等诸多困难，特别是一些省份连续发生森林火灾，暴露出部分地区防灭火责任没有压实压细，工作存在盲区死角，火灾处置不够及时有效等诸多问题。

（三）做好森林灭火安全工作是消防人的使命任务

从国内外森林火灾发生数量对比来看，受全球气候变暖等诸多因素影响，世界主要林业国家森林火灾数量呈上升趋势，而我国森林火灾数量急剧下降，形成了与世界主要林业国家相反的趋势，这主要得益于我国严格的火源管控和及时高效的扑救策略，所取得的成绩显而易见。从森林火灾人员伤亡情况的对比来看，美国、澳大利亚、俄罗斯、葡萄牙等国近年来山火频发，造成少则几十人多则数百人遇难，而我国伤亡人数呈总体下降趋势。古语云：“天地之间，莫贵于人。”森林资源固然是国家的宝贵财产，但生命的价值更加不可估量。森林消防队伍的火场精神也从最初的“不畏艰险、不怕牺牲、连续作战、敢打必胜”，改为“不怕困苦、不畏艰险、不负重托”，就是对习近平总书记提出的“以人为本、生命至上”理念的最好实践，保护国家森林资源及人民群众生命财产安全是森林消防队伍义不容辞的职责使命。

四、森林灭火安全研究方向

（一）深入开展林火发生机理研究

随着我国林业建设的不断发展，保护森林资源的任务将越来越繁重，由于个人防护装备及灭火装备相对落后，多采用直接灭火技术，人与林火直接接触，灭火危险性远远高于西方发达国家，灭火人员生命安全的潜在威胁将长期存在。因此，急需开展危险火行为发生机理、发展规律研究，特别是对飞火、火旋风、轰燃等火行为的研究，建立燃烧模型。同时，烟雾管理研究也需要加强。对典型森林草原火灾伤亡案例进行深入分析，探索其规律性，以便更好地指导今后的森林草原火灾预防及扑救工作，最大限度避免人员伤亡。

（二）不断改进森林消防个人防护装备

世界各国对森林消防个人防护装备的研究各有侧重，但在灭火安全方面都是相似的，通过适当的改进和完善，装备也是可以拿来为我所用的。但也存在许多困难：通常林火管理部门认为有用的装备，在提高安全性问题上也会遇到一些困难，尤其是地形地势复杂和可燃物类型较多等因素限制了此类装备的研发。另外，经费不足也是提高灭火安全研究水平的重要障碍，特别是发展中国家。在极端火行为情况下，任何防护装备都不能完全阻止生命受到伤害。防护设备只是在持续增加的热辐射水平下，把灭火人员受伤害的危险减少到最低。

（三）加强森林灭火安全对策研究

开展森林火灾扑救安全对策研究，对影响火灾扑救安全的各种主要因素和基本特征进行全面、系统掌握，探索影响灭火人员安全的内在因素和规律，在此基础上提出切实可行的灭火安全对策，为各级灭火指挥员及灭火人员科学灭火提供重要参考，对保证灭火人员生命免受森林草原火灾的威胁具有重要的现实意义。今后火灾扑救安全研究所面对的挑战是将化学家、物理学家、生物学家召集起来，通力合作，在灭火安全方面开展卓有成效的研究。采取正确的火灾扑救安全对策，就可以减少灭火伤亡事故，或者降低事故的严重性。

（四）加强森林灭火安全国际交流

森林灭火安全领域最关键的问题是如何给灭火人员提供及时有效的帮助。如果各方面密切合作，不同的个人、组织和团体能够信息共享，森林灭火安全研究将会取得更大成就。2002 年 4 月，国际标准委员会（ISO）成立了野火消防员身体防护设备工作组（ISO/TC 94/SC 14/WG 3）。工作组定期召开会议，围绕消防队员、研究人员、纺织业和产业制造商、设计者、检测实验室、校准者以及其他对在野火扑救和相关活动中所穿着的防护设备等方面开展工作。目前，工作组正在对已经存在的标准进行修订，并致力于不断完善野火消防员身体防护设备的新标准，由此提高野火消防员在灭火行动中的安全性。

思考题

1. 简述世界森林灭火安全形势。
2. 简述我国森林灭火安全形势。
3. 简述森林灭火安全研究方向。
4. 我国森林火灾等级如何划分？

第一章　危险自然环境

森林火灾扑救中危险自然环境主要包括易发生伤亡的气象因素、可燃物因素和地形因素。森林火灾因受气象、可燃物和地形三大自然因素的影响，火场变化无常，给灭火人员带来了极大的危险。

第一节　危险气象因素

天气是指大气层（主要是对流层）的变化，气候是天气长期作用的结果，气象是短期的天气现象，常见气象因素包括气温、气压、相对湿度、风向、风速、降水、连旱天数、云量、能见度、日照、辐射等。气象因素随时间和空间的变化而变化，与森林火灾的关系非常密切，是影响林火发生和蔓延的重要因素。与森林灭火安全联系紧密的气象因素主要包括气温、相对湿度、风向、风速、降水及连旱天数等。

一、气温与相对湿度

气温和相对湿度是形成林火行为的关键要素，是灭火指挥员在森林灭火过程中必须了解和掌握的重要气象因素。

（一）气温

气温是表示空气冷热程度的物理量。空气冷热程度实质上是空气分子平均动能大小的表现，当空气获得热量时，它的分子运动平均速度加快，随之平均动能增加，气温也就升高；反之当空气失去热量时，它的分子运动平均速度减慢，气温也就降低。

气温的单位可分为华氏度（℉）和摄氏度（℃）两种。目前包括中国在内的世界上很多国家都使用摄氏度（℃），美国和其他一些英语国家使用华氏度（℉）而较少使用摄氏度（℃）。通常0 ℃ =32 ℉，其换算关系为：

$$T\ ℉ = 1.8\,t℃ + 32$$

$$t\ ℃ = \frac{T\ ℉ - 32}{1.8}$$

地球上的热量基本来源于太阳辐射，太阳辐射通过下垫面引起气温的变化。大气不能吸收太阳的短波辐射热，大气的热主要来源是地面的长波辐射。从气温日变化的平均情况和地面热量收支示意图中（图 1－1），可分析出每天气温以日出前最低，以午后两点钟左右最高，这是地面长波辐射的结果。

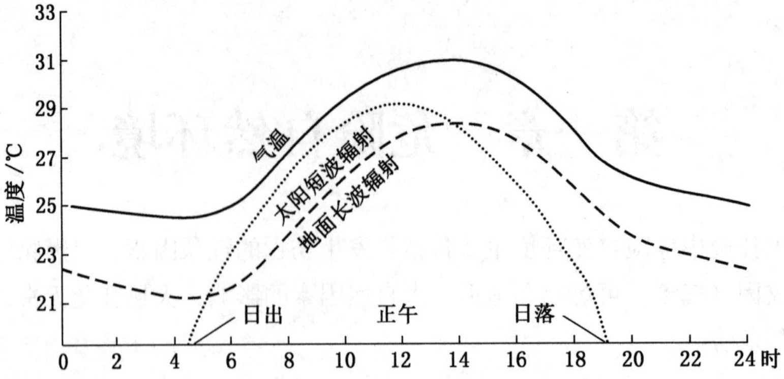

图1-1 气温的日变化平均情况和地面热量收支示意图

在森林防火期或长期干旱季节，森林火灾随着气温的升高而增多。通常情况下，当日平均气温在0 ℃以下时，几乎不发生火灾；当日平均气温达到10 ℃时，开始有零星火灾发生；当日平均气温达到15 ℃以上时，火灾经常发生；当日平均气温高于20 ℃时，火灾大量发生。

据黑龙江省森林保护研究所2009年研究显示，东北地区森林火灾发生概率与月平均气温之间具有一定的规律性：当月平均气温在-10 ℃以下时，正值东北地区的严冬时节，12月至翌年1月天寒地冻，植被被积雪覆盖，火灾发生概率最小，一般不发生火灾；当月平均气温在-10~0 ℃时，正值东北地区2月气温回升阶段，火灾发生概率增大，有零星火灾发生；当月平均气温在0~10 ℃时，正值东北地区冰雪初融、风干物燥的3—5月，火灾发生概率最大，火灾次数最多，危害也最严重；当月平均气温在11~19 ℃时，正值东北地区的6—7月，草木复苏返青，火灾次数逐渐减少；当月平均气温在19~20 ℃时，正值东北地区的8—9月，植物生长旺盛，火灾不易发生。

气温与林火的发生十分密切，它能直接影响相对湿度的变化。

（1）气温升高，空气中的饱和水汽压随之增大，使相对湿度变小，直接影响细小可燃物的含水量。

（2）气温升高，可提高可燃物自身温度，使可燃物达到燃点所需的热量减少。

（3）通常，当火场气温变得越来越高时，火强度将变得越来越高，灭火人员的危险性逐步增大。

（二）相对湿度

相对湿度（RH）是空气中的含水率与其相同温度和大气压下饱和含水率之比。通常以空气中实际水汽压（e）与同温度下的饱和水汽压（E）之比的百分数来表示。

$$RH = \frac{e}{E} \times 100\%$$

如图1－2所示，相对湿度的日变化主要取决于气温，气温增高，空气相对湿度减小；气温下降，相对湿度增大。因此，相对湿度的日变化有一个最高值，出现在清晨（4—6时）；有一个最低值，出现在午后（14—16时）。

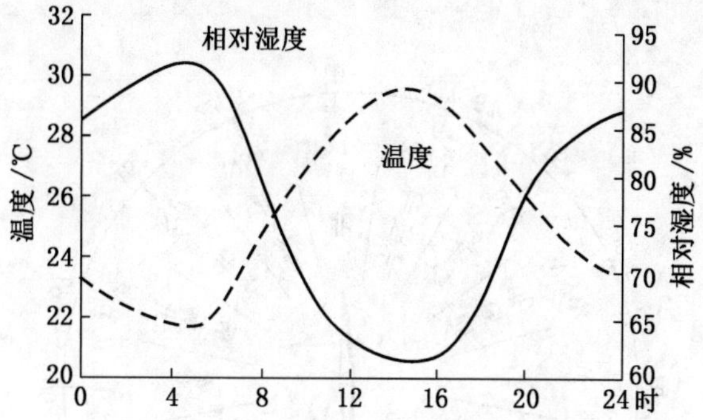

图1－2　相对湿度的日变化示意图

相对湿度的大小直接影响到可燃物含水率的变化，特别是对细小可燃物的影响尤为明显。相对湿度越大，可燃物的水分吸收越快，蒸发越慢，可燃物含水量增加；反之，可燃物的水分吸收越慢，蒸发越快，可燃物含水率降低。当相对湿度为100%时，空气中水汽达到饱和，可燃物水分蒸发停止，大量吸收空气中的水分，会使可燃物含水率达到最大。

由于相对湿度对细小可燃物的影响明显，间接影响林火的蔓延速度和强度。因此，相对湿度越小，灭火人员的危险性就越大。相对湿度与火灾发生的关系见表1－1。

表1－1　相对湿度与火灾发生的关系表

相对湿度 RH/%	>75	55～75	30～55	<30
火灾发生	不会发生	可能发生	可能发生重大火灾	可能发生特大火灾

相对湿度越小，表示空气越干燥，森林火险越高。如1987年“5·6”大兴安岭特大森林火灾时，5月6日塔河最小相对湿度仅6%，5月7日漠河、阿木尔的最小相对湿度为4%，导致了森林火灾迅猛发展，但如果长期干旱，相对湿度80%以上也可能发生火灾。

二、风向与风速

空气的水平运动称为风。风是由于水平方向气压分布不均匀引起的。当相邻两处气压不相同时，空气就会从高压向低压移动。

（一）风向

风向是指风的来向，火场风向多变不定时，预示火头的位置不定，林火蔓延方向多变，易造成灭火人员受到大火突袭和包围。风向通常用8个方位或16个方位来表示，如图1－3所示。

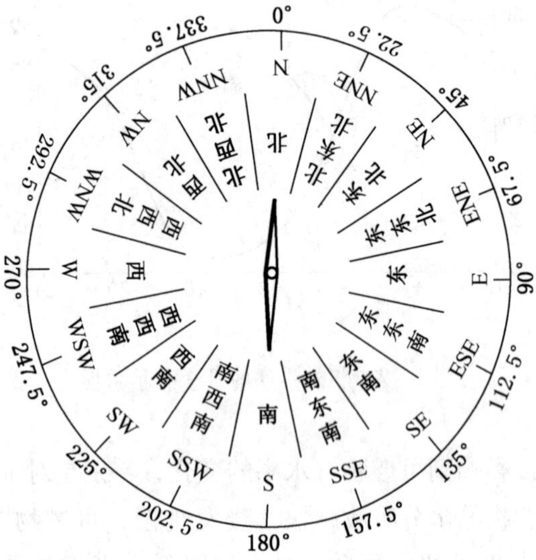

图1－3 风向的16个方位图

（二）风速

风速是指空气在单位时间内水平移动的距离。通常用m/s或风力的级数来表示，见表1－2。

表1－2 风力级数表

风级	名称	风速		陆地地物征象
		m/s	km/h	
0	无风	0.0～0.2	＜1	静，烟直上
1	软风	0.3～1.5	1～5	烟示方向，风标不能转动
2	轻风	1.6～3.3	6～11	面感有风，树叶微响，风标转动
3	微风	3.4～5.4	12～19	树叶及微枝摇动不定，旗开展
4	和风	5.5～7.9	20～28	能吹起尘土和纸片，树木小枝摇动
5	劲风	8.0～10.7	29～38	树叶小枝摇摆，内河水有微波
6	强风	10.8～13.8	39～49	大树枝摇动，电线呼响，举旗困难
7	疾风	13.9～17.1	50～61	全树摇动，大树枝弯曲，迎风步行困难
8	大风	17.2～20.7	62～74	可折断树枝，人向前走感到阻力大

表1-2（续）

风级	名称	风速		陆地地物征象
		m/s	km/h	
9	烈风	20.8~24.4	75~88	烟筒及平房受到损失，小屋遭到破坏
10	狂风	24.5~28.4	89~102	陆地少见，可使树拔起

风速简诀

零级风，烟直上；一级风，烟稍偏；二级风，树叶响；三级风，旗翩翩；
四级风，灰尘起；五级风，起波澜；六级风，大树摇；七级风，行步难；
八级风，树枝断；九级风，烟囱塌；十级风，树根拔；十一级，陆罕见；
十二级，飓风灾。

通常，风力在3级以下时，灭火相对安全；风力达到4级以上时，危险性随之加大。当风速变得越来越大时，预示火的蔓延速度越来越快，在火场外和接近火场的灭火人员易受到大火的突然袭击；当风向多变时，预示火头的位置不定，林火蔓延方向多变，易造成灭火人员受到大火突袭和包围。

风速和风向有很高的可变性，很难量化。为了直观地反映一地的风速和风向，通常以风频风速玫瑰图（简称风玫瑰图）表示，如图1-4所示。

风玫瑰图上所表示风的吹向，是指从外部吹向地区中心的方向，各方向上按统计数值画出的线段，表示此方向风频率的大小，线段越长表示该风向出现的次数越多。将各个方向上表示风频的线段按风速数值百分比绘制成不同颜色的分线段，即表示出各风向的平均风速。

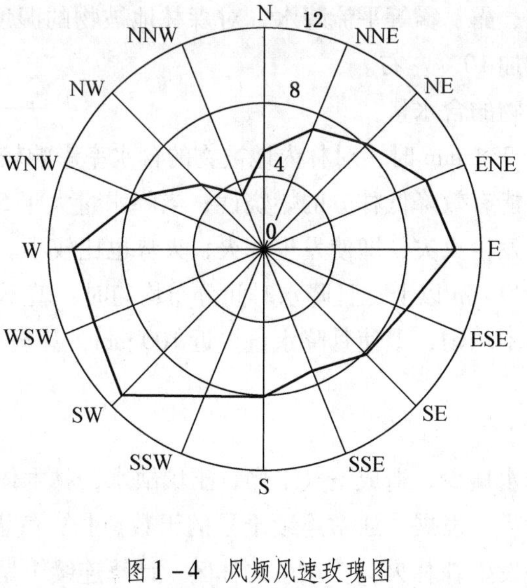

图1-4　风频风速玫瑰图

风会使可燃物加快水分蒸发，使其快速干燥而易燃；不断补充氧气，增加助燃条件，加快燃烧过程；改变热对流，增加热平流，缩短预热时间，加快蔓延速度；风也是产生飞火的主要原因之一。

相同天气条件下，不同的地被物，对火的发生和蔓延也有不同的影响。草地风速高，枯草易干燥；而在林内，受树木的阻挡，风速低、湿度大、可燃物干燥慢。风速越大，火灾次数愈多。特别是在连旱、高温的天气条件下，风是决定发生森林火灾次数多少和面积大小的重要因子。月平均风速与火灾次数关系见表 1－3。

表 1－3　月平均风速与火灾次数的关系表

月平均风速/($m \cdot s^{-1}$)	≤2.0	2.1～3.0	3.1～4.0	>4.0
火灾次数/次	1	23	31	64
占百分比/%	1	20	25	54

三、降水与连旱天数

降水和连旱天数影响森林火灾的发生与发展，对森林火灾扑救极为重要，降水越少，连旱天数越长，参战人员就越危险。

（一）降水

从云中落到地面上的液态或固态水的滴粒称为降水，如雨、雪和冰雹等。降水量是指降落到地面的固态和液态水，不蒸发、不径流，积累的水层厚度，单位为 mm。降水强度指单位时间降水量。

降雪既能增加林分湿度，又能覆盖可燃物，使之与火源隔绝。因此，一般在积雪融化前，不会发生火灾。霜、露、雾等平流降水，对森林地被物的湿度及空气湿度都有影响，一般能使地被物湿度增加 10% 左右。

降水直接影响可燃物的含水量：

（1）通常降水量小于 1 mm 时，对林内地被物的含水率影响较小；达到 2～5 mm 时可燃物含水率明显增加，能有效降低林分的燃烧性；当降水量大于 5 mm 时，林地可燃物达到饱和状态，一般不会发生火灾，即使发生林火，火势也比较小。

（2）月降水量在 100 mm 以上，且降水时间分布均匀时，就不会发生或很少发生森林火灾。如果月降水分布不均匀，即使月降水量接近 100 mm，甚至 300 mm，仍然会发生森林火灾。

（二）连旱天数

干旱是指长时间降水偏少，造成空气干燥、土壤缺水，林木体内水分匮缺。天气干旱直接影响森林火灾的发生、发展，通常连续干旱的天数愈长，气温愈高，相对湿度愈小，林内地被物愈干燥，易发生森林火灾。在东北林区，计算连续干旱的天数时，常以雪融化或降水 5 mm 为界，凡降水不足 5 mm 的天数，均属连续干旱天数。

大面积森林火灾的发生常与干旱天气条件密切相关。干旱使深层及重型可燃物（原木、大树枝）变干，大大增加了有效可燃物量，从而增加了燃烧速度。过度的干旱促使植被过早成熟，树木和灌木顶部枯萎，也增加了有效可燃物量。干旱使河流水位降低，失去了天然防火线，并使有机质土壤暴露出来，站杆的树根也成了有效可燃物。干旱使已腐朽可燃物的含水量降到最低程度，增加飞火的着火概率，使飞火更严重持久。

第二节　危险可燃物因素

森林可燃物是指森林和林地上一切可以燃烧的物质，如枯枝落叶、树皮、灌木、草本、苔藓、地衣、腐殖质、泥炭等。森林可燃物是森林火灾发生的基础，也是发生森林火灾的首要条件。在分析森林能否被引燃及整个火行为过程时，可燃物是非常重要的因素。根据森林防灭火工作实际，常将森林可燃物按照其大小划分为轻型可燃物和重型可燃物，其中重型可燃物指直径粗大的可燃物，如树干、枯立木、活树等；轻型可燃物指直径细小的可燃物，如小树枝、树叶、杂草和干燥的针叶等。

一、可燃物类型

（一）杂草

杂草多为一年生草本植物，植株细小、质地轻、密度低、表面积大、易干燥、燃点低；通常分布在林缘、山地间较为平缓的开阔地带；燃烧蔓延速度快，释放能量迅速，会瞬时形成高强度火，易造成灭火人员伤亡。

（二）灌丛

灌木是指没有明显的主干、丛生生长、植株矮小的多年生木本植物，灌丛的生长状态和分布状况均影响林火的强度。通常密集生长的灌丛着火后危害严重，不易扑救。

灌丛植株细小、密度大，含水量低、易燃、燃烧蔓延速度快，加之灭火人员在灌丛中行走困难，通视条件较差，易造成灭火人员伤亡。

（三）乔木

乔木是指树身高大的树木，由根部发生独立的主干，树干和树冠有明显区分。树种不同，燃烧性不同。通常针叶树比阔叶树易燃。但有些阔叶树也是易燃的，如桦树树皮呈薄膜状，含油脂较多，极易点燃；蒙古栎冬季树叶干枯且不脱落，容易燃烧；南方的桉树和橡树富含油脂，属易燃常绿阔叶树。

（四）乔灌混合林

乔灌混合林内有大量的枯枝落叶和杂草，地表可燃物载量大、透光性好，植被干燥，林火燃烧至此区域，火势发展快，可在短时间内形成高强度大火。其中，易燃乔木主要以针叶树种为主，但阔叶树种如桦树、栎树、桉树林、橡树等也极易燃烧。飞播幼林郁闭度大，生长茂密，透视性差，易发生树冠火。灭火人员在乔灌林内行动迟缓，对灭火人员的危害性大。

在森林火灾扑救中，当遇到乔灌混合林时，一定要本着选稀不选密、选少不选多、选湿不选干的原则，采取能避开不突进，能绕开不穿行、能间接不直接的灭火方法。

二、可燃物分布

可燃物分布是指可燃物复合体或个体之间在水平和垂直方向上的连续性。可燃物的床层在空间上的配置和分布的连续性对火行为有着极为重要的影响，若可燃物在空间上是连续的，燃烧方向上的可燃物可以接收到火焰传播的热量，使燃烧持续进行；若可燃物在空间上是不连续的，视彼此间距离远近而影响燃烧传播的热量。

（一）可燃物垂直分布

可燃物的垂直分布是指林内不同层次间可燃物的连续性。正常林分从上至下可分为树冠层（高大乔木）、灌木层（灌木、幼树等）、杂草层（草类、蕨类等）、地表凋落物层（枯枝落叶）和地被物下层（腐殖质、泥炭、根系等）5个层次。在垂直方向上如果可燃物的分布是连续的，则称为可燃物垂直连续分布，又称为可燃物梯形分布。在垂直方向上如果可燃物的分布是不连续的，间断的，则称为可燃物垂直间断分布，如图1-5所示。

图1-5　林分垂直分层示意图

可燃物垂直分布影响林火强度、蔓延方向和蔓延速度，但更主要的是决定林火种类。如果可燃物在垂直方向上分布是连续的，则地面燃烧的林火可蔓延到树冠上；如果可燃物在垂直方向上分布是间断的，则地面燃烧的林火就不会蔓延到树冠上而形成树冠火。垂直连续分布的可燃物形成“火梯”，有利于地表火转变为树冠火，形成立体燃烧，容易造成灭火人员伤亡。

（二）可燃物水平分布

可燃物水平分布是指可燃物复合体或个体在水平方向上的连续性。如果可燃物在水平方向上是连续的，则称为连续水平分布；如果可燃物在水平方向上是不连续的、间断的，则称为间断水平分布。

当森林可燃物之间处于分离状态，彼此不连续，将给能量传播造成困难。此时热传播以热辐射为主，但受辐射距离的限制。如果可燃物之间的距离超过热辐射作用半径，林火将很难蔓延，甚至停止。树冠层可燃物不连续，即使形成树冠火也是间歇型，靠地表火支持，通常称之为冲冠火。

当林内杂乱物、采伐剩余物等地表可燃物以堆状不均匀分布在林地上，而周围被生长的绿色植物所包围，可以认为是相当安全的，不会造成大面积火灾。但在植物休眠期或火险季节，枝丫堆周围的杂草枯枝会成为枝丫堆的引火物质，形成地表可燃物的连续分布，容易引发大面积高强度的火灾。

值得注意的是，飞火的出现可以打破可燃物水平分布和垂直分布的界限。即使在可燃物分布不连续的条件下，一旦出现飞火，也能使间断分布的可燃物丧失阻火的作用，形成新的火场。

三、可燃物载量

可燃物载量也称为可燃物负荷量，是指单位面积上可燃物的绝干重量，单位为 t/hm^2 或 kg/hm^2。可燃物载量的多少直接影响林火蔓延速度和火强度，森林可燃物载量越多，林火蔓延速度越快，反之越慢。通常，森林有效可燃物的载量增加一倍，林火蔓延速度增加一倍，火强度增加四倍。当林火从可燃物载量少的区域蔓延到可燃物载量多的区域时，林火蔓延速度和强度就会突然增大，威胁灭火人员安全。

可燃物的大小（粗细）影响可燃物对外来热量的吸收。对于单位质量的可燃物来说，可燃物越小，表面积越大，受热面积越大，接收热量多，水分蒸发快，可燃物越容易燃烧，蔓延速度快。

大载量细小可燃物分布区域，可燃物预热快容易燃烧，林火蔓延速度快，火强度大，容易造成灭火人员伤亡。

林内细小可燃物和林地杂乱物（采伐剩余物、倒木、枯立木等）混合在一起，称为大面积粗大与细小可燃物混合分布。大面积粗大与细小可燃物混合分布区域的林火视其分布不同，或呈现高强度或呈现快速蔓延，同时灭火人员在此区域内行走困难，容易造成灭火人员伤亡。

第三节　危险地形因素

地形起伏变化，形成不同的火环境，不仅影响林火的发生、发展，而且能直接影响林火蔓延速度和火强度。

一、地形因子

地形是地表起伏的形势；通常地形图是用等高线和地貌符号来综合表示地貌和地形，如图1－6所示。

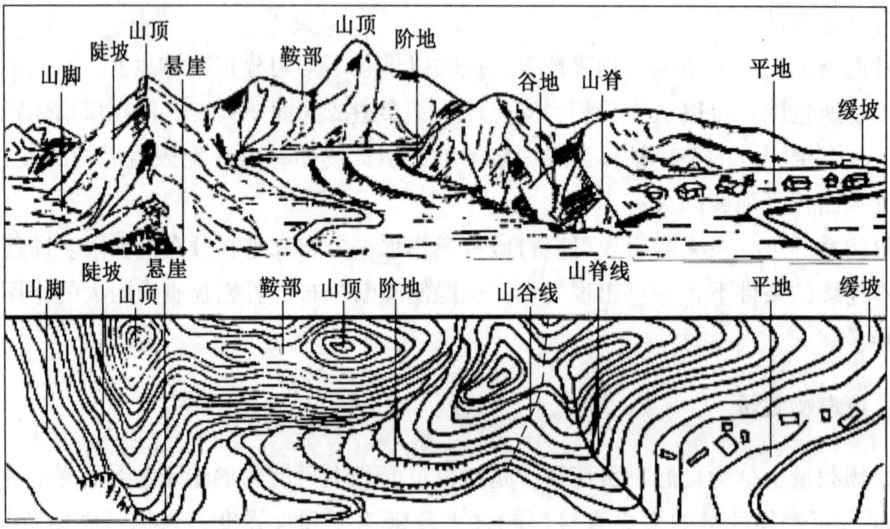

图1－6　用等高线和地貌符号表示地形和地貌示意图

这幅示意图由两部分构成，上半部为实物图，下半部为地形图。两者放在一起，可直观地表现出地形图与实物之间的关系，也可以看出用等高线表示地形和地貌具有三个显著特点。

（1）所有的等高线都是闭合的。

（2）等高线越密，表示地势越陡；等高线越疏，表示地势越平缓。

（3）等高线越多，表示山势越高；等高线越少，表示山势越低。

地形差异对森林火灾的影响十分明显。地形变化引起生态因子的重新分配，形成不同的局部气候，影响森林植物的分布，使可燃物的空间配置发生变化。

《森林资源连续清查技术规程》（GB/T 38590—2020）中的附录C对地形因子进行了相关规定。

（一）地貌

（1）平原：平坦开阔，起伏很小。

（2）丘陵：没有明显的脉络，坡度较缓和，且相对高差小于100 m。

（3）低山：海拔小于1000 m的山地。

（4）中山：海拔为1000～3500 m的山地。

（5）高山：海拔为3500～5000 m的山地。

（6）极高山：海拔大于或等于5000 m的山地。

（二）坡向

样地范围的地面朝向分为9个坡向。

（1）东坡：方位角67.5°～112.5°。

（2）南坡：方位角157.5°～202.5°。

（3）西坡：方位角247.5°～292.5°。

（4）北坡：方位角337.5°～22.5°。

（5）东北坡：方位角22.5°～67.5°。

（6）东南坡：方位角112.5°～157.5°。

（7）西南坡：方位角202.5°～247.5°。

（8）西北坡：方位角292.5°～337.5°。

（9）无坡向：坡度小于5°的地段。

（三）坡位

分脊部、上坡、中坡、下坡、山谷、平地6个坡位。

（1）脊部：山脉的分水线及其两侧各下降垂直高度15 m的范围。

（2）上坡：从脊部以下至山谷范围内的山坡三等分后的最上等分部位。

（3）中坡：三等分的中坡位。

（4）下坡：三等分的下坡位。

（5）山谷：汇水线两侧的谷地，若样地处于其他部位中出现的局部山洼，也应按山谷记载。

（6）平地：处在平原和台地上的样地。

（四）坡度

（1）Ⅰ级为平坡：＜5°。

（2）Ⅱ级为缓坡：5°～14°。

（3）Ⅲ级为斜坡：15°～24°。

（4）Ⅳ级为陡坡：25°～34°。

（5）Ⅴ级为急坡：35°～44°。

（6）Ⅵ级为险坡：≥45°。

二、危险地形

在森林火灾扑救中危险地形主要有陡坡、山谷、草塘沟、山脊、鞍部等。

（一）陡坡

通常将坡度在25°以上的山坡称为陡坡。坡度大小直接影响可燃物湿度变化。陡坡降水停留时间短，水分容易流失，可燃物容易干燥而易燃；同时坡度大小对火的传播也有很大影响，坡度越陡，火蔓延速度越快；坡度与火的蔓延速度成正比，通常坡度每增加10°，上山火蔓延速度增加一倍。

陡坡会改变火行为，火从山下向山上燃烧时，上坡可燃物受热辐射和热对流的影响，蔓延速度随着坡度的增加而增加。同时，火头上空易形成对流柱，产生高温使树冠和上坡可燃物加速预热，使火强度增大，容易造成灭火人员伤亡。因此直接扑打上山火或沿山坡向上逃避林火都是极其危险的；另外，由于一些燃烧物如松果等随时会滚落到山下，形成新的起火点并形成新的上山火，也会对扑打下山火的人员造成极大威胁。

1993 年 1 月 31 日，湖南省祁阳县紫云桥乡杨合山发生森林火灾，当时火场情况为：火场山势陡峭，坡度大于45°，火为上山火，当地灭火队伍到达后先沿火翼进行扑打；起初火强度不大，火焰不足 1 m 高，所以没有引起大家足够警惕。为加快灭火进度，灭火队长带领 4 名灭火机手到达林火上坡位进行扑打。不久，火场风力突然加大，火强度瞬间加强并快速向坡上蔓延，将山坡上正在灭火的 5 名灭火队员包围，最终造成 2 人死亡，3 人重伤。

（二）山谷

1. 狭窄山谷

当火烧入狭窄山谷时，由于通风不良，会产生大量烟尘并在谷内沉积，林火对两侧陡坡上的植被进行预热。随着时间的推移，热量逐步积累，一旦风向、风速发生变化，在空气对流的作用下，火势突变会形成爆发火。如果狭窄山谷一侧山坡燃烧剧烈，火强度大时，所产生的热量水平传递（主要是热辐射和热对流）容易达到对面山坡。当对面山坡接受足够热量而达到燃点时，会引起轰燃。

2010 年 12 月 5 日，四川省甘孜州道孚县发生山地草原火灾。当时火场情况是：火场右侧为孜龙山，左侧为呷乌山，中间有一条“V”形深沟——呷乌沟。火先在右侧山坡燃烧，当地部队官兵和地方群众到达后立即在右侧山坡灭火。15 时，山坡明火被扑灭，火势基本得到控制。此时，有群众发现沟底尚有部分余火，教导员当即带领部分官兵和地方群众前往沟底清理余火。15 时 10 分，正当他们快要接近沟底时，火场突起大风吹燃余火，火焰瞬间高达 5 m，不到 1 min，烈焰就吞遍了整个左侧山坡，致使身处其中的人员难逃劫难。最终，造成包括 15 名官兵在内的 23 人死亡，另有 3 人受伤。

2. 单口山谷

三面环山的单口山谷，俗称“葫芦峪”。单口山谷为强烈的上升气流提供通道，很容易产生爆发火，造成灭火人员伤亡。

2004 年 1 月 3 日 16 时 30 分，在扑救广西玉林市兴业县卖酒乡党州村太平自然村经济场后岭火灾过程中，21 名灭火队员从经济场后背山西面沿火线向鬼岭肚方向扑打。到达鬼岭肚后，兵分两路，一路由乡长带领沿火线继续向前灭火，另一路由乡林业站长带领 13 人下到山谷欲实施灭火。17 时 10 分，当 13 人将要接近山谷的火线时，由于山谷属单口山谷的特殊地形，局部产生了旋风，火势突然增大，火焰高达 10 余米，13 人中只有 2

人脱险，其余 11 人全部死亡。

（三）草塘沟

草塘沟是指林地内或林缘集中分布有杂草的沟洼地形。沟内通常为细小可燃物连续分布，是林火蔓延的快速通道。火在草塘沟燃烧时，通常火强度大，蔓延速度快，同时火会向两侧的山坡燃烧形成冲火，容易造成灭火人员伤亡。

内蒙古陈巴尔虎旗火场的地势为长约2000 m 东西走向的草塘沟，1987 年4 月20 日上午，火从北山坡向山下蔓延，护林员带领94 人扑灭约1000 m 火线。12 时 30 分护林员去侦察火情，灭火人员在沟塘中部休息待命。14 时，火突然从沟西部顺风向沟口方向迅速蔓延，造成52 人死亡、24 人受伤。

（四）山脊

山脊是由数个山峰相连形成的脊状延伸的凸形地貌形态。由于林火使空气升温，沿山坡上升到山顶，与背风坡吹来的冷风相遇，从而在山脊附近形成飘忽不定的阵风和空气乱流运动，使林火行为瞬息万变，难以预测，容易造成人员伤亡。

云南省玉溪市城北区刺桐关火场地势为海拔高度 2000 ~ 2100 m 的狭长山谷，谷口朝西南，谷底到山脊高差 100 m，坡度大于 50°，山脊长 1000 m 左右，脊线上有几处鞍部。1986 年 3 月 29 日 8 时 30 分，玉溪市组织 1 万余人灭火，31 日早晨 3000 余人在刺桐关大省山脊上开设隔离带，火从对面的东南坡缓慢向谷底燃烧。12 时，开设隔离带 1000 m 后，大部分人员转移到侧翼开设隔离带，留下部分人员休息待命。13 时，东南坡的林火烧至谷底后，火瞬间从谷底蔓延到对面山坡形成冲火，伴随着高温、浓烟和轰鸣声，迅速冲过隔离带，造成 24 人死亡、96 人受伤。

（五）鞍部

鞍部是相连两山顶间的凹下部分，形如马鞍形状，故称鞍部。鞍部受昼夜气流变化的影响，风向不定，是火行为不稳定而又十分活跃的地段。

当风越过山脊时，鞍部风速最快，并形成水平旋风和垂直旋风。当林火高速通过鞍部时，高温、浓烟、火旋会造成灭火人员的伤亡。如 1989 年 3 月 13 日，在辽宁省锦县(现为凌海市)火场灭火过程中，当地驻军在向火场开进至山脊，翻越鞍部时，前面 9 人被烧亡。

除以上介绍的陡坡、山谷、草塘沟、山脊、鞍部危险地形外，在实施森林灭火过程中，还需要警惕悬崖峭壁、山体滑坡地段、山岩凸起地形、合并地形等，这些也是易造成人员伤亡的危险地形。

三、危险地形风

地形条件会改变风向、风速和风的运动状态，从而影响林火行为，使整个火场或火场局部区域火线的蔓延速度、火强度等发生变化，使灭火人员处于危险境地。山地常形成上升气流、越山气流、绕山气流、反山气流，产生山风、谷风、渠道风、峡谷风、海风和陆风等，这些风易造成人员伤亡安全。

（一）地形气流

1. 上升气流

上升气流主要是因热、地形和突出部位形成。在森林火灾中，上升气流会加快林火的蔓延速度，增加林火燃烧的强度。当风向垂直或者有一定的夹角越过一条倾斜的山脊，就会产生一股上升气流，这时上山火的速度会突然加快。上升气流如图 1 - 7 所示。

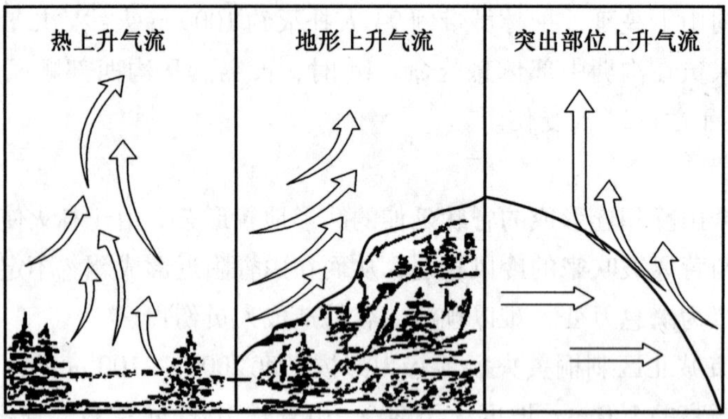

图 1 - 7 上升气流示意图

2. 越山气流

越山气流主要有片流、定常涡流、波动气流和转子流，如图 1 - 8 所示，对森林火灾

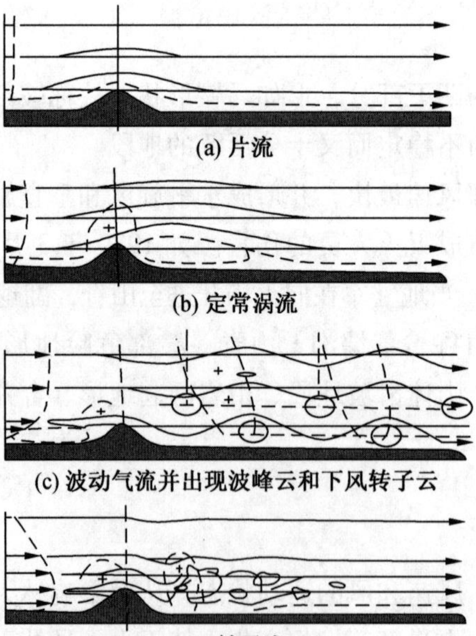

图 1 - 8 越山气流类型与风速垂直廓线示意图

的影响以后三种为主，必须引起高度重视。特别是第四种越山气流，在背坡形成涡流，易造成火旋风，对背风坡的灭火人员安全有很大的威胁，其临界值是风速 8 m/s，即 5 级风以上。当迎风坡上有起伏的小高地时，火在顺坡蔓延过程中，可以越过小高地往高处蔓延，如果灭火人员企图利用这种起伏的小高地阻止林火的蔓延，就会造成人员伤亡。大风越过山脊后的涡流如图 1－9 所示。

图 1－9　大风越过山脊后的涡流示意图

此外，当风越过山脊鞍形场，会形成水平和垂直旋风，常常造成人员伤亡。鞍形场涡流如图 1－10 所示。

图 1－10　鞍形场涡流示意图

3. 绕山气流

绕山气流是风越过孤立的山地形成的，有左侧绕山气流、右侧绕山气流和越山气流，三股风在山的背后相遇，因山体形状的不规则，往往形成旋风。当林火蔓延到山背风坡，就会形成火旋，易造成在背坡灭火人员的伤亡。在低矮的小山丘，在 3～4 级风时就会形成火旋；而在高大的山脊，要在 5 级以上大风时才能形成背坡火旋。因此，在低矮的小山丘的背坡灭火时要特别注意安全。绕山气流如图 1－11 所示。

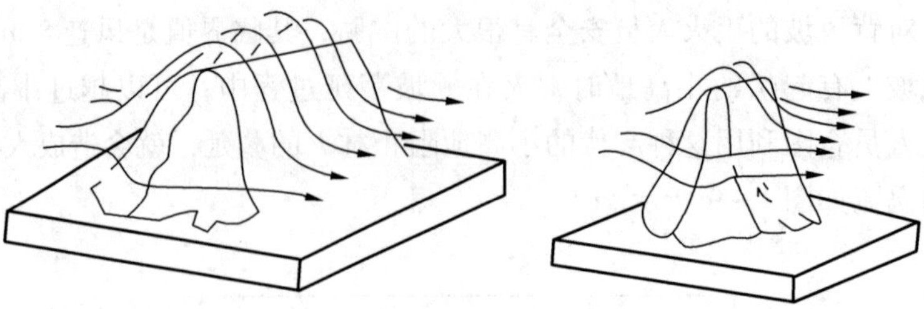

图 1－11　绕山气流示意图

4. 反山气流

反山气流是风越过山脊，在山的背坡形成的反向地形风，特别是当风越过山脊后又有一山脊阻挡时，这时反山气流会更强。背坡的反山气流可以加速上山火的蔓延速度，不利于下山火的蔓延。迎风坡的反山气流有利于下山火的蔓延，不利于上山火的蔓延。反山气流如图 1－12 所示。

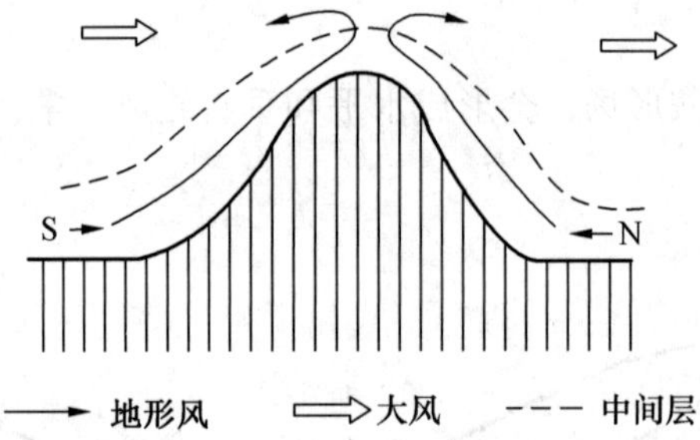

图 1－12　反山气流示意图

（二）地形风

1. 山风和谷风

山风是从山上往山谷吹的风，谷风是从山谷向山上吹的风。山坡受到太阳照射，热气流上升，就会产生上坡风，通常开始于每天早上，日照山坡 15 ~ 45 min 以后，如果是谷地，就会形成谷风。当太阳照不到山坡时，上坡风会立即消失。当山坡辐射冷却时，就会产生下坡风，如果是谷地，就会形成山风。每天谷风最盛行的时间为 12 时左右，山风盛行时间为午夜。在扑救山地火灾过程中，要特别注意因山风、谷风带来的安全隐患。山风和谷风如图 1－13 所示。

2. 渠道风

如果盛行风与谷风成一定夹角，就会在夹角较大的一侧谷底形成与盛行风向不一致的

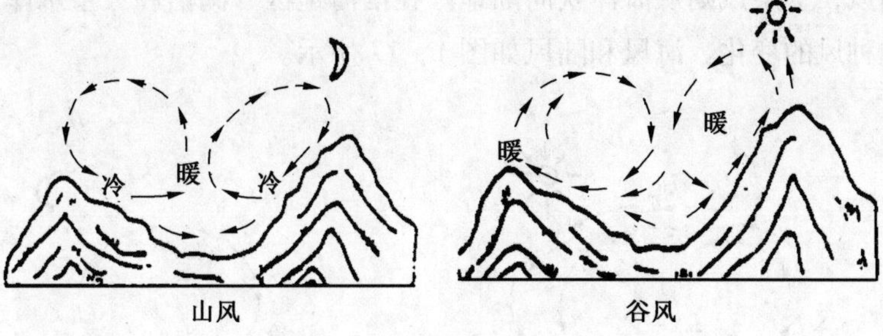

图1－13　山风和谷风示意图

渠道风。如果渠道风与谷风一致时，可加速谷风；两者相反，往往渠道风成为主要风向。因此，在灭火作战过程，不仅要注意主风方向，更要注意渠道风。渠道风如图1－14所示。

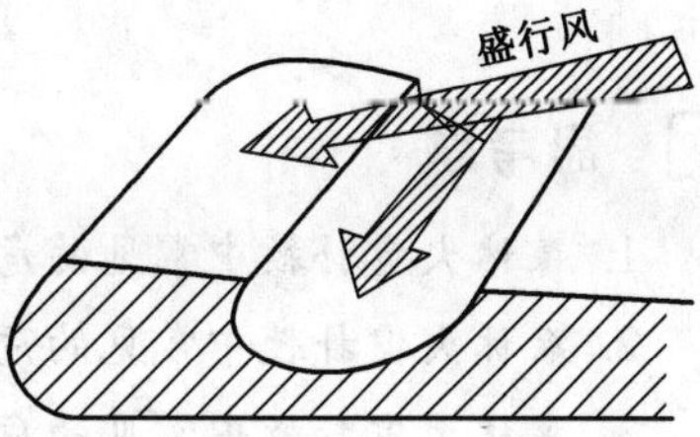

图1－14　渠道风示意图

3. 峡谷风

当气流由开阔地带流入峡谷时，由于空气质量不能大量堆积，于是加速流过峡谷，风速增大。当流出峡谷时，空气流速又会减缓。这种峡谷地形对气流的影响称为“狭管效应”。由狭管效应而增大的风，称为峡谷风或穿堂风。因峡谷的特殊地形，盛行风横过峡谷，由于山脊的阻转作用，峡谷中可能形成局部环流或者渠道风；如果盛行风占据整个峡谷，谷中的风速更大（图1－15）。特别是当谷地的宽度各处不同时，在狭窄处风速则增加。因此，峡谷地带是扑救火灾的危险地带。峡谷狭窄处风速如图1－16所示。

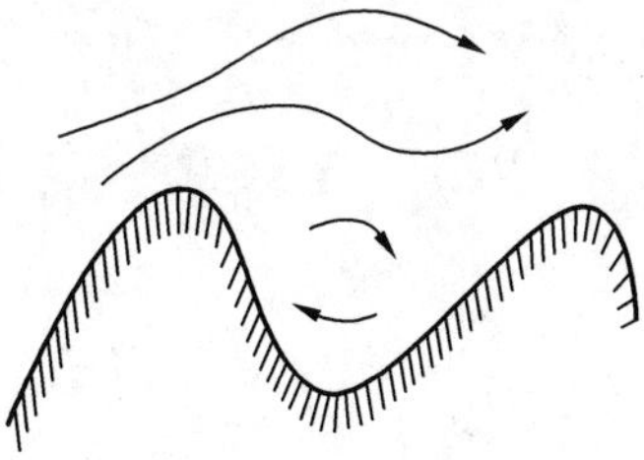

图1－15　山谷中风速示意图

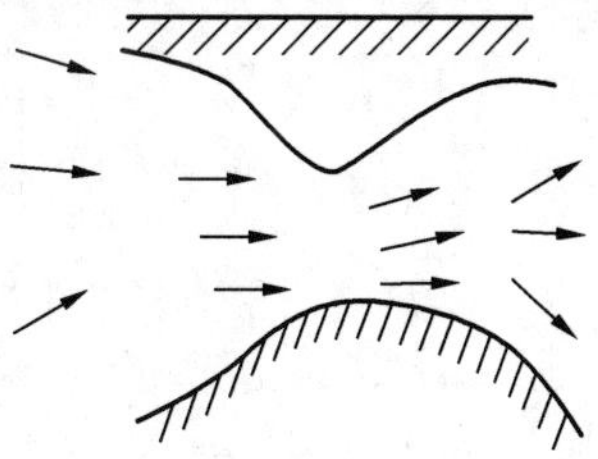

图1－16　峡谷狭窄处风速示意图

4. 海风和陆风

由于海陆之间的差异，白天陆地增热比海上快，热空气上升，近地层风从海上吹向陆地，形成海风，上层风从大陆吹向海洋。夜间，陆地降温比海上快，近地层风从陆地吹向海洋，形成陆风，上层风则从海洋吹向陆地。在沿海地区、湖泊和大型水库地带进行灭火时，要注意这种风的变化。海风和陆风如图 1－17 所示。

图 1－17　海风和陆风示意图

思考题

1. 森林火灾扑救中常见的危险气象有哪些?
2. 森林火灾扑救中常见的危险可燃物有哪些?
3. 森林火灾扑救中常见的危险地形有哪些?
4. 森林火灾扑救中危险的地形风有哪些?
5. 森林可燃物分布类型有哪些?
6. 风与林火发生的关系有哪些?

第二章　危险林火行为

林火行为是指森林可燃物从被引燃开始到发展蔓延直至熄灭的整个过程中所表现出的各种现象和特征。其现象主要包括地表火、树冠火及地下火等；而特征主要包括林火蔓延速度、林火强度、火焰高度、火场变化（火场的形状、面积、周长）及火灾后果（林火烈度）等。

林火行为是森林燃烧过程中的重要指标，它不仅影响森林生态系统的生存和发展，还受可燃物类型、火环境和火源条件的制约和控制。在林火发生和发展过程中，可燃物、地形、气象条件等因素都会对林火行为产生影响，表现出不同的林火行为特性。

第一节　危险林火种类

林火种类是依据森林燃烧状况划分的，林火种类不同，森林燃烧表现出来的特征不同，带来的后果也不同。研究林火种类对正确估计火灾的危害和可能引起的后果、灭火组织指挥、灭火方法、使用灭火工具及灭火人员安全等都有密切关系。

根据燃烧部位的不同，林火可分为地表火、树冠火和地下火。其中地表火最多，南方林区约占 70% 以上，东北林区约占 94%；树冠火次之，南方林区约占 30%，东北林区约占 5%；地下火最少，东北林区约占 1%，南方林区更少。

沿地表蔓延发展的林火，称为地表火。树冠火通常由地表火引起，遇强风或大郁闭度针叶林、枯立木、低垂树枝时，火烧至树冠，并沿树冠蔓延和扩展，成为树冠火。在泥炭层或腐殖质层燃烧蔓延的林火称为地下火。这三类林火可以单独发生，也可以并发，特别是原始林区的重特大森林火灾，往往是三类林火交织在一起。林火大多由地表火开始，烧至树冠则引起树冠火，烧至地下则引起地下火；树冠火也能下降到地面形成地表火；地下火也可以从地表的缝隙中窜出烧向地表。通常，针叶林易发生树冠火，阔叶林一般发生地表火，在长期干旱年份易发生树冠火或地下火。易发生伤亡的林火主要包括急进地表火和急进树冠火两种。

一、急进地表火

急进地表火燃烧速度快，速度可达 5 km/h，所以燃烧不均匀、不彻底，常烧成“花脸”，留下未烧地块，有的乔木没被烧伤，火烧迹地呈长椭圆形或顺风伸展呈三角形。由于其蔓延速度很快，灭火人员在接近火场或在火场附近时，易造成灭火人员伤亡。

二、急进树冠火

急进树冠火又称狂燃火，火焰在树冠上跳跃前进，蔓延速度快，顺风可达 8～25 km/h 或更快，形成向前伸展的火舌。火头巨浪式前进，有轰鸣声或噼啪爆炸声，往往形成上、下两层火，火焰沿树冠蔓延过后，地表火在后面跟进。火烧面积呈长椭圆形，易造成灭火人员伤亡。

第二节　特殊林火行为

特殊林火行为是指在森林火灾发展蔓延过程中，由于受地形、植被、气象等因素影响，林火行为在短时间内急剧变化，对灭火人员生命构成严重威胁的林火行为；主要包括对流柱、飞火、火爆、火旋风、轰燃和高温热流等。

一、对流柱

对流柱是由森林燃烧时产生的热空气垂直向上运动形成的。典型的对流柱可分为可燃物载床带、燃烧带、湍流带（过渡带）、对流带、烟气沉降带、对流凝结带六部分（图 2－1）。对流柱的形成主要取决于燃烧产生的能量和天气状况。

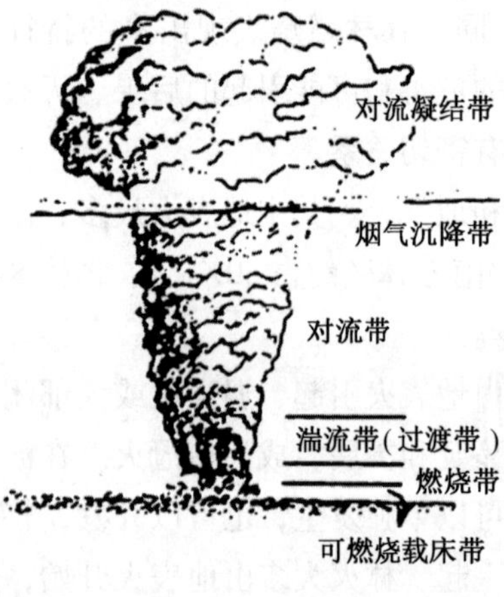

图 2－1　对流柱示意图

每米火线每分钟燃烧不到 1 kg 可燃物时，对流柱高度仅为几百米；每米火线每分钟消耗几千克可燃物时，对流柱高达 1200 m；每米火线每分钟燃烧十几千克可燃物时，对流柱可发展到几千米高。根据苏联学者研究，地面火线长 100 m，对流柱可高达 1000 m。

对流柱的形成与大气温度梯度和风力的关系密切。地面气温与高空气温差越大越易形成对流柱。在不稳定的天气条件下，容易形成对流柱；在稳定天气条件下，山区容易形成逆温层，不容易形成对流柱。在热气团或低压控制的天气形势下形成上升气流，有利于对流柱的形成；在冷气团或高压控制的天气形势下为下沉气流，不利于形成对流柱。对流柱的类型及主要特点见表 2－1，不同类型的对流柱如图 2－2 所示。

表 2－1　对流柱的类型及主要特点表

序号	类　型	主 要 特 点
Ⅰ	高耸的对流柱和轻微的地面风	当大气或燃料改变时稳定的中等强度林火发展成快速的大火
Ⅱ	高耸的对流柱越过山坡	具有对流柱的短期快速越过鞍形场的大火

表2-1（续）

序号	类　　型	主 要 特 点
Ⅲ	强大的对流柱和强大的地面风	具有短距离飞火区的快速、飘浮不定的大火
Ⅳ	强大的垂直对流柱被风砍断	具有长距离飞火区的稳定或飘浮不定快速的大火
Ⅴ	倾斜的对流柱和中等的地面风	既具有短距离又具有长距离飞火区的快速飘浮不定的大火
Ⅵ	在强大的地面风下，没有上升的对流柱	被热能和风能驱使的特快大火，通常具有近距离的飞火区
Ⅶ	山地条件下强大的地面风	既有快速的上山火，又有快速的下山火，通常具有大面积的火场和飞火区

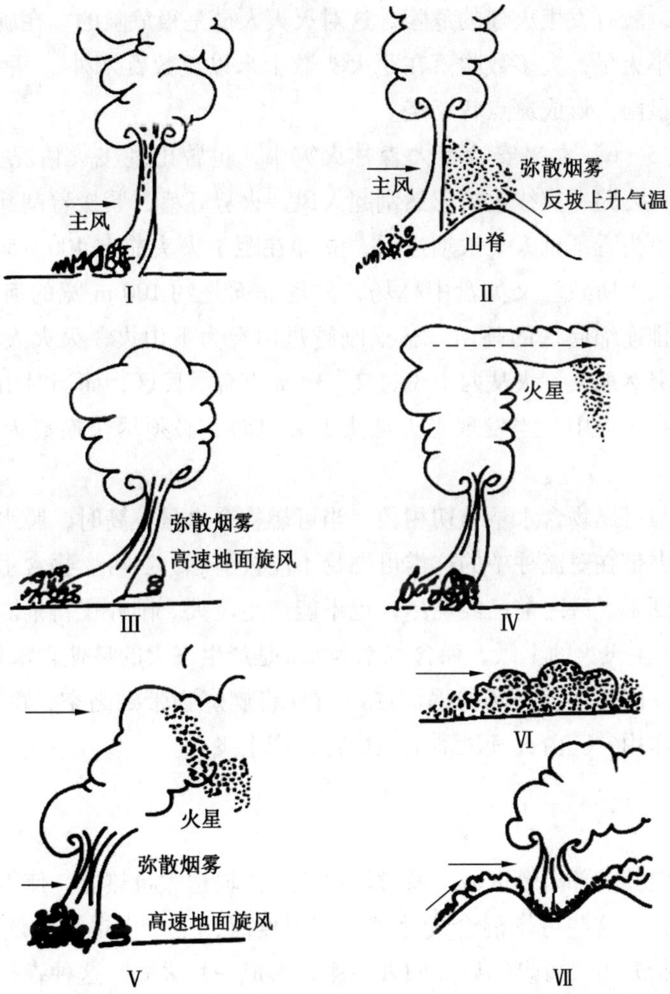

图2-2　不同类型的对流柱示意图

二、飞火

飞火是由高能量火形成强烈的对流柱将火场上正在燃烧的可燃物带到空中后飘洒到其他地区的一种火源。强大的对流柱是形成飞火的必要条件。如果对流柱倾斜，被对流气流卷扬起来的燃烧物在风力和重力作用下作抛物线运动，会被抛出很远的距离。被卷扬起来的燃烧物能否成为飞火，直接取决于风速、燃烧物的重量和燃烧持续时间。那些重量较轻，而燃烧持续时间很长的燃烧物，是形成飞火的最危险的可燃物，如鸟巢、蚁窝、腐朽木、松球果等。

一般来说，对流柱受到强烈限制时才能形成飞火。但是，在闭塞的峡谷中如果发生烟雾的内转也会形成飞火。

飞火的传播距离可以是几十米、几百米，也可以是几千米、几十千米。如果大量飞火落在火头的前方，就有发生火爆的危险，这对灭火人员是很危险的。在旋风的作用下，还出现大量飞散的小火星，大多数吹落在距火头数十米以至数百米外，可引燃细小可燃物，这种现象称为火星雨，形成斑点状燃烧。

在 1987 年“5・6”大兴安岭特大森林火灾中，也曾出现飞火情况。如 5 月 7 日 21 时，盘古林场运材公路一支线火场忽然刮起大风，火势旺盛，紧接着刮起旋涡对流柱和蓝白色浓烟，使人抬头看不见人。浓烟过后，立即在距主火头前方 400～500 m 的树根下忽然起火，这正是飞火所致。又如盘中林场，林场北面是约 100 m 宽的河流，河西面有公路，河东面是一排连绵起伏的高山。林火刚越过山脊为下山火，灭火人员正在扑打下山火。不久，风速突然加大，火从西山飞过 2～3 km 直奔居民区，而当时山坡河谷的林木并无着火。因此，在灭火中，当发现飞火从头上飞过时，必须尽快撤离火线，转移到安全地带。

飞火的产生与可燃物含水量密切相关。当可燃物含水量较高时，脱水引燃需要较长时间和较多热量，夹带在对流柱中的这类可燃物不能被引燃；当可燃物含水量太低时，引燃的可燃物在下落到未燃区之前已经烧尽，也不能产生飞火。国外资料推测细小可燃物含水率为 7% 是可能产生飞火的上限，而含水率为 4% 是产生飞火的最佳含水率。

产生飞火的原因：①由火场的涡流或对流柱将燃烧物带到高空，由高空风传播到远方；②地面强风作用；③由火旋风刮走燃烧物，产生飞火。

三、火爆

高强度林火向其前部未燃区域，通过辐射或对流输送大量热能，使得这一区域积聚了大量可燃混合气，当这些可燃混合气达到一定温度时，会产生爆炸式燃烧，迅速释放能量，产生强大的抬升力，可燃物碎片四处飞溅，形成一片火海，这种森林燃烧现象就称为火爆。

火爆属森林中最强烈的林火行为之一，林火从可燃物较少的地方蔓延到有大量易燃可燃物的地方（如火星雨），易燃可燃物载量陡增会形成爆炸式燃烧，两个或多个火头相遇也会形成爆炸式燃烧，易造成灭火人员伤亡。

四、火旋风

由于同一平面气流的流速不一致而产生的水平涡流，称为旋风。旋风一般是受地形变化和受热的影响而生成的。由森林燃烧造成热的不平衡产生的旋风称为火旋风。

在强热对流时，如有侧风推动，就有可能在燃烧区内形成高速旋转的火焰涡流。产生火旋风的原因与对流柱活动和地面受热不均有关。一是当推进速度不同的两个火头相遇可能产生火旋风；二是火锋遇到湿冷森林和冰湖；三是大火遇到障碍物，或者大火越过山脊的背风面时都有可能形成火旋风。一般在山地比在平原上发生火旋风多。

在森林火灾中，要特别留心因地形形成的火旋风、林火初始期的火旋风以及林火熄灭期的火旋风，林火越过山坡，在山的背坡常产生地形火旋风。火旋风加速林火的蔓延速度，使其偏离原蔓延方向，易造成灭火人员伤亡，熄灭期的火旋风会造成余火复燃或形成新的火场。

通常在大风的推动下，高速蔓延的火很容易形成火旋风，会使附近的灭火人员转向，灭火人员逃跑时产生的负压会吸引火旋风跟随灭火人员跑动的方向旋转过来，发生火追人现象，造成伤亡。故在大风天气灭火时，要时刻注意火旋风现象，一旦发生这种现象，灭火人员要尽快转移到安全地带。

美国林务局南方森林火灾实验室用自制的火旋风模型所做的实验表明：高速旋转的热气流的速度可达 23000 ~ 24000 r/h，水平移动速度达 12 ~ 16 km/h，从中心向上的速度达 25 ~ 31 km/h，并且证明这种燃烧能提高燃烧速度 3 倍。

1871 年 10 月 8 日，美国威斯康星州森林火灾中，大火伴随着强烈的大风，大量的大树被风扭弯甚至连根拔起，车库及建筑物的屋顶被抛开，风卷着火舌形成龙卷风样的旋涡，并发出龙卷风到来时的呼啸声，大多数目击者称为“火龙卷”，这场大火约有 1000 人丧生。

1987 年“5 · 6”大兴安岭特大森林火灾，盘中、马林两个林场在大火到来之前，都是黑色飓风旋转袭来，把全林场房屋的铁瓦盖卷向天空，灭火人员看到火在树梢飞速旋转，旋转燃烧成椭圆形大火团，燃烧着的帐篷被火旋风卷向天空，像大簸箕一样在空中旋转，给灭火人员带来极大危险。

五、轰燃

在地形起伏较大的山地条件下，由于沟谷两侧山高坡陡，当一侧森林燃烧剧烈，火强度很大时，所产生的强烈的热水平传递（主要是热辐射）容易到达对面的山坡。当对面山坡接受足够热量时，会突然产生爆炸式燃烧，这种现象称为轰燃。当产生轰燃时，火强度大，整个沟谷呈立体燃烧，如果灭火人员处在其中，极易造成伤亡。

（一）轰燃发生的地形

（1）狭窄山谷。

（2）陡坡（狭窄山谷的两侧崖壁为陡坡）。

（二）轰燃发生的条件

（1）存在大载量细小可燃物。

（2）火从山下向山上燃烧。

（3）热辐射使可燃物同时达到燃点。

（三）轰燃发生的场景

根据狭窄山谷两侧山坡植被可燃物类型不同，可分为两种场景。

（1）狭窄山谷两侧山坡植被，一侧为轻型可燃物，一侧为重型可燃物，如图 2－3a 所示。林火先在重型可燃物一侧山坡燃烧，随着时间的推移，热量逐渐积累，并水平传递至对面山坡，加速对面山坡轻型可燃物预热，当热量积累到一定程度，对面山坡大量轻型可燃物同时达到燃点，发生轰燃。

（2）狭窄山谷两侧山坡植被均为轻型可燃物，如图 2－3b 所示。林火先在一侧山坡燃烧，由于轻型可燃物燃烧快、释放能量迅速，在很短的时间内将热量水平传递到对面山坡，当热量积累到燃点时，对面山坡可燃物同时燃烧，发生轰燃。

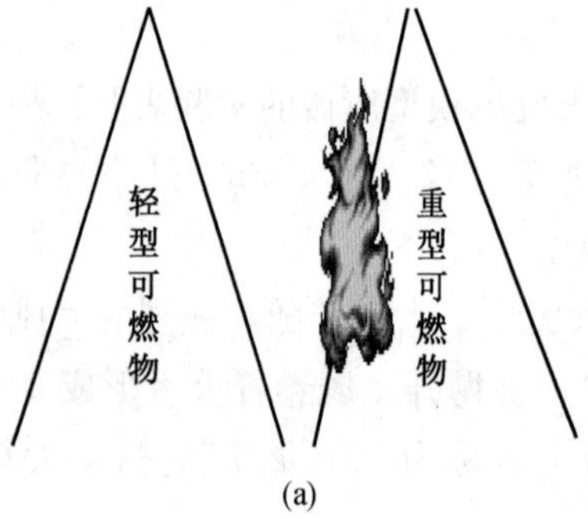

图 2－3　轰燃发生示意图

六、高温热流

高温热流是大量可燃物猛烈燃烧释放出巨大的热量加热地表空气，形成看不见的高温高速气流（强烈热平流）。其温度可达 300～800 ℃，局部可达 800 ℃以上，其速度达 20～50 km/h。高温热流所到之处，可点燃森林可燃物，形成爆炸式燃烧。高温热流可以灼伤人体，使人呼吸困难。

这种现象在 1987 年“5·6”大兴安岭特大森林火灾中首次被认识。从空中看，有些燃烧地带似刀切一样整齐，显示高温热流推进的速度极快。受高温热流袭击，盘中、马林两个林场的房屋，飓风过后并未见火光，却几乎同时起火。许多周边没有可燃物的木质桥涵被烧了，未燃烧的房子迎风面的玻璃有的被烤熔了，周围百米没有可燃物的电话线也被熔断。

第三节　林火行为指标

表征林火行为的指标有林火种类、林火蔓延速度、林火强度、火焰高度、林火烈度、火旋风、飞火、火爆等。通常将林火蔓延速度、林火强度、火焰高度、火场形状作为林火行为的四大主要指标。

一、林火蔓延速度

林火蔓延速度简称蔓延速度，是指火线在单位时间内向前移动的距离。林火蔓延速度可以在野外用简便的方法直接测量得到，测量时应注意林火发展达到稳定后进行测量才能有意义；也可从经验方法或林火蔓延模型中获得。

由于火场部位的不同，风向与火蔓延的方向不一致，所以火场上各个方向的蔓延速度也不同。火顺风蔓延的火场部位为火头，是火场发展的主要部位，火蔓延方向和风向一致，顺风蔓延速度快，火强度大不易控制，易造成灭火人员伤亡；火逆风蔓延的部位为火尾，火蔓延方向和风向相反，逆风火蔓延速度慢，易于控制；在侧风条件下蔓延的部位为火翼，火蔓延方向和风向不一致，侧风火的蔓延速度居中，也是控制火的重要部位。因此，接近火线时应避开火头，要从林火蔓延速度相对慢的火翼或火尾部位接近火线。

通常，林火蔓延速度达到 4 km/h 以上为危险速度，林火蔓延速度由缓慢突然加快 0.5 倍或 1 倍时，会给灭火人员造成危险。常用的林火蔓延速度有 3 种，即火线蔓延速度、面积蔓延速度和周长蔓延速度。

（一）火线蔓延速度

火线蔓延速度以单位时间内火线向前推进的直线距离来表示，即火线向前推进的速度，可分为火头、火翼、火尾的线速度，单位为 m/s、m/min 或 km/h，主要用来说明火线蔓延的快慢。

（二）面积蔓延速度

面积蔓延速度是指单位时间内火场扩大的面积，单位为 m^2/min 或 hm^2/h，主要用来说明火场大小的发展情况。

在森林防火实践中，常用下面的近似公式来估测火场面积：

$$S=\frac{\pi\left(\frac{v_1t+v_2t}{2}\right)^2}{2}+\frac{\pi\left(\frac{v_3t+v_4t}{2}\right)^2}{2} \tag{2-1}$$

式中　S——火场面积，m^2；

v_1、v_2、v_3、v_4——火头、火尾、火翼蔓延速度，m/min；

t——燃烧时间，min。

（三）周长蔓延速度

周长蔓延速度是指单位时间内火场周长增加的速度，单位为 m/min 或 km/h，主要用来说明火场周长的增加快慢，是布防灭火力量的重要参考指标之一。而火场各部位（火头、火翼、火尾）的周长增加速度是不一致的。通常在风速 3 ~ 5 m/s 时，火场各部位的周长量增加占火场周长总增加量的百分率分别为：顺风火头为 50%，侧方火翼为 40%，逆风火尾为 10%；无风时，火场各部分的周长增加量占火场周长总增加量的百分率分别为：顺风火头为 25%，侧方火翼为 50%，逆风火尾为 25%。

在森林防火实践中，常用下面的近似公式来估测火场周长：

$$C = 3v_1 t \tag{2-2}$$

式中　C——火场周长，m；

v_1——火头蔓延速度，m/min；

t——燃烧时间，min。

二、林火强度

林火强度简称火强度，是指森林可燃物燃烧时的热量释放速度，包括火线强度和发热强度。

（一）火线强度

火线强度是单位时间单位火线长度上释放出的热量。通常采用勃兰姆（Byram）公式：

$$I_L = mcv \tag{2-3}$$

式中　I_L——火线强度，kJ/(m · c)；

m——单位面积内的可燃物质量，kg/m^2；

c——可燃物的平均发热量，kJ/kg；

v——火线前进速度，m/s。

森林燃烧火线强度变化很大，变化范围在 75 ~ 100000 kW/m。常根据火线强度将森林燃烧划分为不同等级：75 ~ 750 kW/m 为低强度火；750 ~ 3500 kW/m 为中等强度火；3500 kW/m 以上为高强度火。当火线强度超过 4000 kW/m 时，火线上所有的生物都会被烧死。大多数树冠火的火线强度在 10000 ~ 30000 kW/m。

（二）发热强度

发热强度是指在单位面积上单位时间发出的热量。其计算公式为：

$$I_S = \frac{mc}{t} \tag{2-4}$$

式中 I_S——发热强度，kJ/(m²·c)；

m——单位面积内的可燃物质量，kg/m²；

c——可燃物的平均发热量，kJ/kg；

t——燃烧持续时间，s。

三、火焰高度

火焰高度是火源上方可见火焰的高度，即火焰顶端至可燃物表面之间的垂直距离。火焰深度是可燃物床层表面火焰前后的距离，即火墙（线）厚度。火焰长度是火焰尖端到火源的距离，即1/2火焰深度处至连续火焰顶端的长度。火焰三角如图2-4所示。

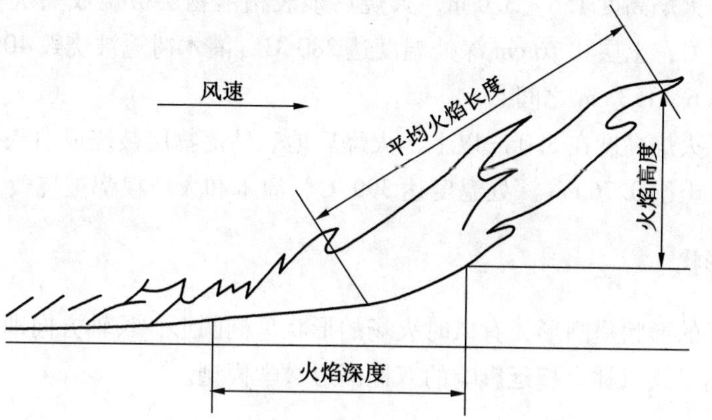

图2-4 火焰三角示意图

计算平均火焰高度的公式：

$$H = a\left(\frac{I_1}{250}\right)^{0.5} \tag{2-5}$$

式中 H——火焰高度，m；

I_1——火线强度，kW/m；

a——可燃物类型常数，草原或连续型植被的 $a=1$。

火焰高度与火线强度、蔓延速度关系密切，火焰高度越高，火线强度越大，蔓延速度越快。火焰高度与火线强度的关系见表2-2，火焰高度与蔓延速度的关系见表2-3。

表2-2 火焰高度与火线强度的关系表

火焰高度/m	<0.5	0.5~1.5	1.5~3.5	3.5~6.0	>6.0
火线强度/(kW·m⁻¹)	<75	75~750	750~3500	3500~10000	>10000

表2-3 火焰高度与蔓延速度的关系表

火焰高度/m	0.5	1.0	1.5	2	2.5	3.0
蔓延速度/($m \cdot min^{-1}$)	0.6	1.3	2.2	3.6	5.4	7.0

火强度可根据火焰高度和燃烧后地表状况、土壤温度、灌木被烧程度、树干烧黑高度、树冠烧焦高度进行判断。

低强度火，火焰高度0.5~1.5 m，火烧后地表枯落物层被烧焦，土壤表面最高温度为177 ℃，土层0.76 cm深处温度为121 ℃，灌木林树冠被烧毁不超过40%，其中还有残留未烧或轻度火烧的带有树叶和小枝的灌木。

中强度火，火焰高度1.5~3.0 m，火烧后地表枯落物层被烧成黑灰状，土壤表面最高温度可达399 ℃，土层0.76 cm深处温度达280 ℃，灌木树冠被烧毁40%~80%，残留部分的直径在0.6~1.3 cm之间。

高强度火，火焰高度在3.0 m以上，火烧后地表枯落物层被烧成白灰，土壤表面最高温度达510 ℃，土层0.76 cm深处温度达399 ℃，灌木和大枝杈都被烧毁。

四、火场形状

无风时火场的形状呈圆形，有风时火场的形状呈椭圆形，长轴方向即顺风方向。1983年，安德森提出了风对林火蔓延影响的双椭圆形数学模型。

$$S=\frac{1}{2}\pi bd^2(a_1+a_2) \tag{2-6}$$

$$P=\frac{1}{2}\pi k_1 d(a_1+b)+\frac{1}{2}\pi k_2 d(a_2+b) \tag{2-7}$$

$$k_n=1+0.25M_n^2 \tag{2-8}$$

$$M_n=\frac{(a_n-b)}{(a_n+b)} \tag{2-9}$$

式中 S——火场的面积；
P——火场的周长；
a_1——火尾部半椭圆主轴；
a_2——火头前沿半椭圆主轴；
b——副轴，火翼蔓延的最大距离；
d——火尾蔓延的最大距离。
k_n——第 n 个火尾部半椭圆轴的修正系数；
M_n——第 n 个火头半椭圆轴的修正系数；
a_n——第 n 个火头前沿半椭圆主轴。

林火蔓延主要决定于风和地形（图2-5）。在地形平坦而又无风时，火向各个方向等速蔓延，其形状近似圆形（图2－5a）；风向较稳定时，火蔓延形状为长椭圆形（图2－5b）；当风向不稳定，呈小角度（30°～40°）摆动时，火蔓延多呈扇形（图2－5c）；当遇到地形起伏时，火在谷地间蔓延缓慢，而在山的侧脊蔓延快，形成“V”形状（图2－5d）；当风向改变时，原来的火翼或火尾有可能变为火头，火蔓延呈“θ”形状（图2－5e）；当火场较大且地形较复杂时，火场的最终形状多呈鸡爪形（图2－5f）。

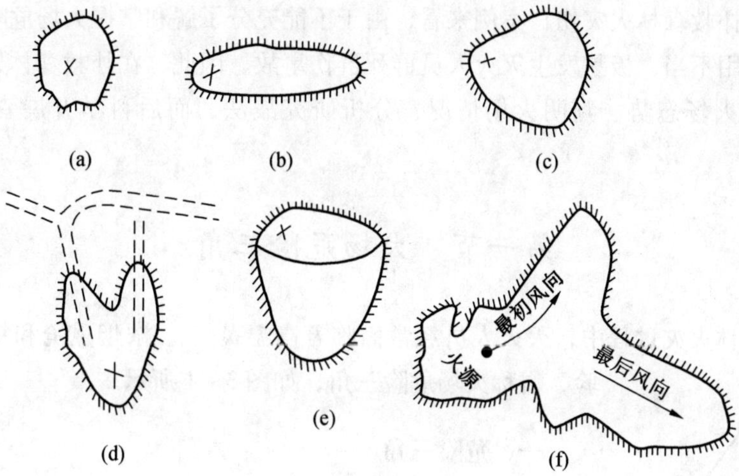

图2－5　典型火场形状示意图

思考题

1. 危险林火种类有哪些？
2. 特殊林火行为有哪些？
3. 对流柱的类型有哪些？
4. 简述飞火发生的条件及方式。
5. 简述轰燃发生的条件及方式。
6. 典型火场形状有哪些？

第三章　火场危险情形

从国内外扑救森林火灾伤亡案例来看，由于不能充分了解和掌握火场危险情形，指挥失误，战术运用不当，极易发生灭火人员群死群伤事故。因此，在扑救森林火灾中各级指挥员应先侦察火场态势、判明火场情况、分析研究战法，而后科学开展森林火灾扑救行动。

第一节　火场危险三角

在扑救森林火灾过程中，灭火人员经常面临着高温炙烤 、浓烟熏呛和精疲力竭的考验，俗称火场危险三角，如图 3－1 所示。

图 3－1　火场危险三角示意图

一、危险三角

（一）高温炙烤

高温伤害主要是热烤和烧伤烧死。一般干枯杂草的燃点为 150～200 ℃，木材的燃点为 250～350 ℃。许多可燃物能产生高达 200 ℃以上的地面温度，并能轻而易举地产生 1000 ℃以上的空气温度，而人体在高于 120 ℃的环境中就会丧失功能。

高温引起体温上升，最轻的症状通常是轻微头痛，眩晕及大量出汗。这些症状可以通过增加体液摄入得到减轻，但要适当控制饮水量或在水中加入少量的盐。因为排汗失盐过多，越喝越口渴，越要饮水，最后肚子鼓胀，成为“水牛”而失去战斗力。如果排汗失盐过多，就会引起腿和腹部的剧烈痉挛。

当气温高于 28 ℃，绝对湿度（水气压）大于 30 hPa，人就会感到闷热。如果在 45 ℃饱和湿空气中停留 1 h，就会发生中暑昏迷。高温引起灭火人员大量出汗，在极端热负荷下，每小时可消耗 2 L 体液。如果体液得不到补充，或热负荷积累使体温升高 2 ℃，就可能产生中暑现象。在中暑期间，排汗停止，皮肤变得热、干燥、发红，呼吸急促，体温迅速上升，患者很快就处于休克或昏迷状态。中暑是极其危险的，经常会导致死亡或永久性脑损伤。

灭火人员在火焰烧伤中失去战斗力和死亡的主要原因是热负荷过度。热负荷过度类似中暑，但发生的时间却要短得多。有关研究表明：当火焰温度为 1000 ℃，人有 18 s 的挣扎时间，最少有9.5 s的活动时间。一般的森林火灾的温度在800 ℃左右，以正常奔跑速度（大约5 m/s）冲越火线，可以跑出90 m，最少可以跑出47.5 m，完全可以冲出火线。

（二）浓烟熏呛

浓烟使灭火人员迷失方向，造成呼吸困难，呼吸高温的浓烟会使喉管充血、水肿，使人窒息而死。另外，浓烟中还含有大量致命的一氧化碳。一氧化碳不同于其他共生气体，它无味、无色、无臭，对灭火人员身体危害极大。一氧化碳对人的影响主要是使人体内血液中羧络血红蛋白浓度的含量过高，当人体血液中羧络血红蛋白浓度的含量在1% ~2%时，出现一些影响人行为功能的症状；2% ~5%时影响人的中枢神经系统，出现视力减退和心理功能障碍等症状；5% ~10%时，引起心、肺功能紊乱；10% ~80%时，影响灭火人员的行为功能，使灭火人员组织疲劳、呼吸困难、头痛直至死亡。

森林火灾中，每1 kg可燃物可产生10 ~250 g一氧化碳，闷烧产生一氧化碳量比明火要大10倍。火线前沿一氧化碳水平为100 ~200 μL/L，最高可达500 μL/L。顺风30 m处为10 ~20 μL/L。血液水平同火线前沿的100 μL/L的一氧化碳达到平衡需要1 ~2 h，一旦受害者回到清新的空气环境里，至少要花3倍的时间才能使一氧化碳从血液中除去。因此林火前沿灭火人员应每2 h轮换。

当森林可燃物燃烧不完全时会产生一氧化碳，产生不完全燃烧的情况有以下4种。

（1）清晨的草甸火。这是因为清晨易燃可燃物中水分含量大，大气相对湿度高，林火燃烧不完全。

（2）陡峭、闭塞谷地的林火。因为谷地中的烟有逆转现象，风力极弱，几乎不能促进新鲜空气流通循环所致。

（3）粗大死地被物或腐烂物上的林火。粗大死地被物或腐烂物需要大量的氧气和更长的时间进行燃烧，在这种情况下，可燃物不能充分燃烧而产生一氧化碳。

（4）常绿植物上的林火。因常绿可燃物体内含有大量水分而导致燃烧不彻底。

（三）精疲力竭

（1）森林火灾的发生地点常常是在交通不便、比较偏远的区域，灭火人员经常要长途跋涉方可到达火场，体力消耗大。

（2）先期到达火场的灭火人员常常要在火线上持续工作数十小时，使灭火人员体内大量的糖、盐随汗大量流失，出现眼冒金星、四肢无力、极度紧张，极易受伤。

（3）森林火灾常常集中发生，有时一天发生数起，灭火人员打完一场又要转战到另一个火场，疲劳、紧张使身体抵抗力下降，极易生病或受伤。

二、人员伤亡过程

正常发展的火线在复杂的地形、植被、恶劣的气象条件和燃烧物质的综合作用下，火势在极短时间内发生突发性改变，大量的浓烟使灭火人员呼吸困难，能见度低，使灭火人员失去理智，造成指挥失灵、人员失控，直至气体中毒昏迷、窒息、休克，甚至烧伤、烧死，如图 3－2 所示。

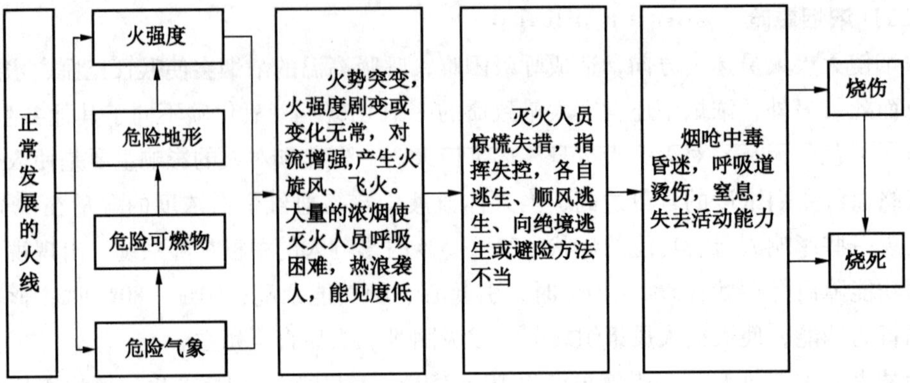

图 3－2　人员伤亡过程示意图

三、伤亡主要原因

从近几年发生的灭火人员伤亡的人为因素分析，决策指挥失误、技战术运用不合理、缺乏避险常识、险情处置不当、防护装备性能落后等是造成人员伤亡的主要原因。

（一）决策失误，指挥不当

在火灾扑救中，指挥员（特别是一线指挥员）由于缺乏林火常识，实战经验不足，对火场险情的感知能力弱、评估能力不足，没有足够的心理和措施准备；因思想麻痹、情况不明、盲目蛮干或兵力部署不合理、组织指挥不严密；遇险后，不能有效应对，致使灭火人员陷入险境，造成人员伤亡。

（二）灭火技战术运用不当

技战术运用不科学，战机把握不及时，兵力、装备配置不合理，致使灭火效率低，火场情况发生突变造成人员伤亡。主要原因包括：①对发展迅速、立体燃烧、面积大的高强度林火，采用直接灭火；②在灭火人员连续作战体能消耗较大的情况下，强行组织打攻坚战；③点烧位置选择不当，对林火蔓延速度估算不足，对风力风向掌握不准，对灭火人员的控制手段和作战能力估计过高；④打清配合不紧密，首尾脱节；⑤兵力编成不合理，不注重发挥灭火骨干的中坚力量；⑥人与机具、机具与机具间组合不科学，不注重发挥装备的整体效能。

（三）缺乏避险常识，险情处置不当

指挥员和战斗员缺乏灭火实战经验和安全避险经验，遇到险情极度恐慌，心理防线崩溃，导致体能急速下降，失去迅速脱离险境的机会。避险时，不能紧密结合现地地形、植被、气象和灭火人员实际情况，采取有效避险方法。如顺风逃生；在灌木丛中卧倒避险；

向上山坡未燃烧区转移；在火墙厚、火强度大、植被密集地段冲越火线等。另外，个别灭火人员不服从命令，擅自行动，不按指挥员指令行事，遇险后，惊慌失措，各自逃生。

（四）防护装备性能不能满足避险需要

单兵防护装备是实施紧急避险的物质保障。但由于科技、财力限制，目前森林消防队伍配发的单兵防护装备种类少、数量不足。另外，防护装备的舒适性与适用性还存在许多问题，如头盔质量较重、绳扣设计不牢固、防护服内胆穿着笨重、透气散热性差等，装备效能还需进一步改进。

（五）其他意外原因

其他意外原因主要指火灾扑救中，非火袭击等原因直接造成的伤害。如火场面积小，思想麻痹，警觉性不高，往往导致人员伤亡。另外，灭火中还易发生滚石伤人，吊挂木、站杆、倒木掉落倒下伤人，以及坠崖、掉入沟谷等情况。

第二节 危险时段分布

不同时段，林火行为表现不同，火势有强有弱，这些林火行为特征为在森林火灾扑救中寻找最佳战机提供了条件。

一、森林防火期与森林高火险期

火灾季节亦称防火期，是指某一个地区在一年中森林火灾出现的季节或时期。在防火期中，一般中期发生的森林火灾次数多，燃烧面积大；初期和末期发生的森林火灾次数少，燃烧面积小。

根据高温、干燥、大风的高火险天气出现的规律而划定的高火险期，称为森林高火险期。《森林防火条例》(2009 年版）第二十八条规定：“森林防火期内，预报有高温、干旱、大风等高火险天气的，县级以上地方人民政府应当划定森林高火险区，规定森林高火险期。”这一时期是扑救森林火灾易发生伤亡季节，其主要特征是降水量少、空气湿度低、干燥、风大。

通常，火灾季节是植物的非生长季节，我国地域辽阔，不同省（区）其火灾季节有很大差异。我国绝大多数省（区）的火灾季节的时间都在半年以上，其中多数省（区）（南方省区）的火灾季节为 11 月至翌年 4 月，东北地区分为春季（3—6 月）和秋季（9—11 月）两个火灾季节，新疆地区火灾季节主要在夏季（5—10 月）。

二、灭火危险时段

通常每天的 10—18 时，风大物燥，气温高、相对湿度低、风向风速易变、火场烟尘大、能见度低，是扑救森林大火极其不利的危险时段。特别是 13—14 时为高危时段，森林最易燃烧，林火蔓延速度最快，火强度最大，扑救最困难，最易造成灭火人员伤亡。火场教训表明，以往灭火人员火场伤亡事故90%以上都发生在危险时段，如图3－3所示。

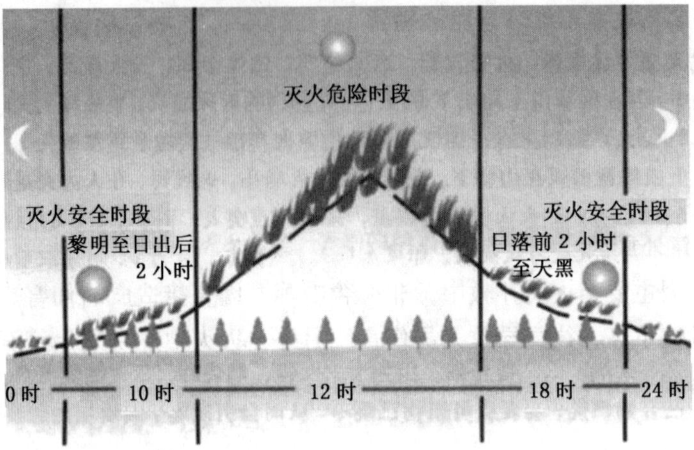

图3－3　灭火危险时段示意图

从白天延续到夜间的火情给灭火行动带来一系列特殊的问题，如在夜间不能掌握可燃物的准确类型，也不知道地形情况、林火蔓延速率等。尤其是时段与地段耦合在一起影响林火行为的危险程度，存在许多安全问题，如被滚落下来的石头砸伤或因视线不良而看不见鞍状区域、窄的山脊线、安全区和撤退路线。同时，灭火人员工作效率一般较低。因此，夜间灭火时，一定要把此类情况作为防范重点。时段与地段对林火行为的耦合影响见表3－1。

表3－1　时段与地段对林火行为的耦合影响表

林火相关因素	时段	地段		
		山谷	山坡	山脊
气温	白天	高	中	低
相对湿度		低	中	高
林火危险程度		高	中	低
气温	夜间	低	高	中
相对湿度		高	低	中
林火危险程度		低	高	中
气温	昼夜平均	中	高	低
相对湿度		中	低	高
林火危险程度		中	高	低

第三节　伤亡主要情形

扑救森林火灾是人与自然的对抗，火场上隐患无处不在，险情随时可能发生。因此，在灭火中遇到险情是不可避免的，如果在遇到险情时处置方法不当，极易造成灭火人员伤亡。

一、逆风扑打火头或接近火场

逆风扑打火头，就是逆风接近火场灭火。火头是整个火场中火墙最厚、火强度最高、蔓延速度最快、释放能量最多的部位，因此逆风扑打火头或接近火场都是十分危险的。

1986 年 3 月 28 日 7 时 20 分，云南省安宁市青龙乡普达沟（现为安宁市青龙街道普达村）发生森林火灾，安宁市组织 7000 余人灭火，部分人员逆风接近火场；13 时 10 分火场风力增大，林火向山上迅速蔓延，4 人迎火冲越火线进入火烧迹地脱险，56 人向沟顶撤离，因火速快、强度大，全部遇难于山坡，最终造成 56 人死亡、4 人烧伤。

二、翻越山脊线、鞍部接近火场

火向山上燃烧时，由于上坡可燃物受热辐射和热对流的影响，提前预热，短时间即可达到燃点，形成冲火，还可能产生飞火和轰燃，导致火强度增高，蔓延速度加快。故翻越山脊线、鞍部接近火场易发生伤亡。

1989 年 3 月 12 日，辽宁省锦州市锦县（现为凌海市）果园南山发生森林火灾，锦县组织人员在傍晚将明火扑灭。14 日上午，刮起东南风，火场复燃，火迅速蔓延。11 时风速达到 6 级，驻军从北坡接近火场，当行至山脊翻越鞍部时，造成 9 人死亡。

三、顺风逃生

地表火顺风蔓延速度最高可达 8 km/h，并能进行连续性燃烧，而人在林内奔跑的速度随着距离的加大，速度会越来越慢，远不如火顺风蔓延的速度快。因此，在火前方顺风逃生很容易造成伤亡。

1987 年 4 月 20 日上午，内蒙古陈巴尔虎旗发生森林火灾，林火从北山坡向下蔓延，护林员带领 94 人扑灭 2000 m 火线。12 时 30 分，护林员去侦察火情，其余人员在沟塘中部休息待命。14 时，大火突然从沟顶顺风向沟口方向迅速蔓延，部分人员迎风冲越下山火线，进入火烧迹地脱险，另一部分在沟内睡觉的人员和沿小道顺风向沟口逃生的人员全部遇难，最终造成 52 人死亡、24 人烧伤。

四、向山上逃生

在相同的地形和可燃物条件下，上山火的蔓延速度快于火在平地燃烧时的蔓延速度。

火向山上燃烧时，坡度越大，火蔓延速度越快，而人上山的速度越慢。所以，在火前方，向山上逃生是极其危险的。

1996年4月14日11时，黑龙江省绥阳林业局河湾林场发生森林火灾，林火从北部第一道山脊沿南坡向下燃烧。防火办干部带领12人在第二道山坡开设隔离带，当开出300 m时，西风突然加大，火越过第一条沟，向第二道山脊蔓延，4人迎火冲出火线；2人向东撤离，在一块裸露地带卧倒避险；其余6人翻越山脊撤离，结果全部烧亡。

五、经鞍部逃生

鞍部因受两侧山头和山体的影响，会形成漏斗状的通风口，风从鞍部通过时速度会成倍增加。因此，当大火威胁人身安全时，从鞍部逃生极易发生伤亡。

1986年在扑救云南玉溪森林火灾中，由于林火瞬间从谷底蔓延到对面山坡形成冲火，迅速冲过隔离带，将来不及撤离和误从鞍部撤离的人员包围，最终造成24人死亡、96人烧伤。

六、在草塘及灌木丛中避险

草塘是林火蔓延的快速通道。草塘中的草本可燃物属于细小可燃物，释放能量快；灌丛生长茂密易燃烧，燃烧时火强度大。因而在草塘及灌丛中避险会造成人员伤亡。

思考题

1. 伤亡发生的主要原因有哪些？
2. 发生伤亡的主要情形有哪些？
3. 简述伤亡发生的经过。
4. 简述我国不同地区森林防火期。
5. 简述森林火灾扑救的危险时段。

第四章 队伍机动安全

队伍机动安全工作贯穿于灭火作战过程的始终，每个阶段的安全工作都关系到战斗力的发挥，关系到灭火人员的人身安全。

第一节 集结与开进安全

队伍集结与开进阶段的安全工作，是确保森林火灾扑救任务圆满完成的前提与基础。

一、集结安全

队伍集结阶段的安全工作，是灭火安全工作的基础。安全源于警惕，事故出自麻痹。事实证明，只有准备充分，战时才有安全保障。重点要做好“四个准备”。

（一）思想准备

（1）抓好使命教育。培育“刀山敢上、火海敢闯”的火场精神，切实增强使命感和责任感；大力弘扬火场精神，时刻做好“上一线、打头阵”的思想准备，发挥主力军、国家队的地位作用。

（2）抓好业务教育。深入开展形势任务、灭火常识和灭火安全教育，明确注意事项，提出具体要求，增强指战员防范意识。按照“急用先训”要求，进行针对性业务培训，不断提高业务素质，更好地适应灭火任务需要。

（3）抓好战备教育。根据任务调整、火险等级转换和人员思想变化等实际，及时进行战备教育，搞好战前动员，强化战备观念，确保随时拉得出、上得去、打得赢。

（二）预案准备

（1）编组要实际，既要满足灭火行动需要，又要符合单位人员装备实际，做到组织指挥有准备，人员装备有落实。

（2）编成要实用，既要定人、定装、定物、定位，又要根据人员变动、任务转换及时调整，做到实案实备。

（3）内容要熟悉，既要按预案落实责任，开展经常性训练演练，又要及时发现问题、修订完善，做到熟悉任务、熟悉流程、熟悉位置。

（三）行动准备

（1）建立安全工作组织机构，确定人员分工和工作职责，明确工作任务和有关要求。

（2）熟知火场“七情”。通过多渠道、多手段及时获取和掌握当地火情、林情、地情、社情、气象、我情、友邻情况；分析火场安全形势，制定安全防范措施，安排留守力量，落实安全责任。

（3）熟知装备性能。熟练掌握灭火装备性能参数和数质量情况，大力开展人装结合训练，加强装备维护保养培训，达到“三熟悉、四会”要求（即熟悉所属装备数质量情况、基本性能、日常管理制度，做到会操作使用、会检查、会维修保养、会排除一般故障），发挥装备最佳灭火效能。认真及时地对车辆和灭火装备状况进行检查和维修保养，使之处于良好的技术状态。

（4）熟知通信保障。加强通信保障要素培训和融合训练，熟悉通信指挥手段、方式和通信器材性能及数质量情况；熟练运用应急救援指挥系统、华为云视频系统、短波、超短波、卫星电话等通联手段，做到全时通、全域通，保证通联顺畅、随叫随到。

（四）生存准备

（1）搞好装备物资准备。按照装备定位、物资定量、管理定责、保障定点要求，采取计划与申请、前送与自领、逐级补给与越级补给、上级补充与就地筹措、直供与代供调剂相结合的方法，及时请领配发保障装备和给养物资，确保灭火行动所需的机具、车辆、油料、被装、药品和器材等及时到位。

（2）掌握防病急救常识。贴近实战开展防病常识教育和自救互救训练，及时补充单兵急救药品，备齐备足灼伤、烧伤、感冒、高烧、拉肚子和防蚊虫叮咬等常用药品，掌握摔伤、虚脱、食物中毒等救治方法。

（3）熟悉野外生存常识。搞好野外生存、饮食安全常识教育，提高野生动植物辨识能力，明确野外生存注意事项，严禁随意采摘、捕食野生动植物，严禁饮用未经处理的臭水污水，严禁用不洁净编织袋、化肥袋等装运食物。

二、开进安全

队伍开进阶段的安全工作，是确保灭火队伍及时抵达火场，实现“打早、打小、打了”的前提。

（一）乘机开进安全

1. 装载安全

直升机装载时，风力灭火机、油锯、发电机等灭火装备外表油污要擦拭干净；燃油、灭火弹等易燃易爆物品要放置在安全区域；装载砍刀、油锯等锋利装备时，要对锋刃部分进行妥善包裹，并放置在尾舱门处。严格按机型确定装载重量，严禁超载；要按顺序整齐、平衡摆放，适当捆绑固定，严禁超过红色标志线。卸载时，由一名指挥员组织有序传接装备，防止遗落在飞机上。

2. 登（离）机安全

应当组织指战员进行相关安全常识学习，开展登（离）机训练。要组织人员在指定位置等待登（离）机指令，严禁随意走动，积极配合机组人员的安全检查。机运队（组）

长应组织人员按规定路线和顺序登（离）机，上机后要认真检查乘机人员、装备是否带齐。乘坐小型直升机时，从直升机颈前和侧方低姿进入机舱，严禁从机体底下或尾翼接近（离开）直升机，防止被旋翼伤害。登（离）机时，要固定好帽子、旗子等易飘浮物品，防止被旋翼卷起造成事故。离开舱门后，在飞机左（右）侧安全区集合；直升机起飞时，人员蹲下、装备平放；起飞后，人员方可离开安全区。登（离）机后，要及时清点人员，向队长或机长报告。

3. 乘机安全

乘坐客机（直升机）严禁使用通信器材及电子产品等，系好安全带。飞机滑行或遇有气流颠簸时，严禁在机舱内站立、走动、吸烟。严禁随意搬动飞机上的设施设备、舱门、紧急出口、线路开关、按钮等。遇有紧急情况，严格按照机组人员指挥使用救生设备器材，打开紧急出口舱门。

（二）铁路开进安全

1. 装载安全

装载前，应在装载地域派出警戒力量，清理装载现场无关人员。列车编组时，将载人车辆编在列车中部，将载物车辆编在列车头部和尾部，将装载危险品的车辆与机车、尾车和载人车辆隔开。装载物资按照先难后易、先重后轻、先大后小的顺序平衡、整齐摆放，防止倒塌；装备的定位和捆绑加固必须符合有关技术规定。装载车辆时，驾驶员必须按引导员的正确指挥手势平稳操作，保证车辆停放位置准确。装载后的车辆内严禁乘员。风力灭火机、油锯、发电机等灭火装备内不得存放油料。通常，除人员及随身携带物品外，客车、代客车不得装载其他物资装备。列车内无照明条件时，使用无火灯具照明。在雨雪天气装载时必须采取防滑措施，夜间装载要架设照明设备。装载完毕后，梯队长应会同车站负责人全面检查验收，发现问题及时处理。

2. 乘车安全

列车梯队全体人员需熟记列车车次、上下车号令、各类警报信号、人员乘坐位置和装备物资装载位置。按照指定路线列队进出车站，穿越铁路轨道时指派专人指挥，严禁从车底通过。遵守铁路规章，爱护铁路设施设备，严禁扳动铁路道岔、车钩、手闸、制动阀和信号等设备。车厢内不得悬挂笨重物品，严禁电台等通信设备的天线伸出车外。运行途中，人员不得将身体探出车外，严禁攀登车厢顶部或者平车装载的装备顶部。

3. 运行安全

列车在主要车站停车时，梯队长应提前与车站负责人联系，了解有关停靠站点情况；停车时间较长时，值班员应及时派出警戒，组织检查装备的装载和捆绑加固情况，发现问题及时处理。特殊情况下，人员需下车就餐或执行其他任务时，由梯队长统一下达命令；车厢长指挥上下车，组织人员在规定的路线和范围内活动，并安排留守人员；返回车厢后，值班员要及时组织清点人数并向梯队长报告。输送途中，列车需要进行分列、合列时，人员不得上下车；调车完毕后，值班员应当检查装备物资的装载和捆绑加固情况，发现问题及时处理。列车遇意外发生事故，造成人员伤亡或者装备物资损失时，梯队长应当迅速组织力量救治伤员，采取措施减少损失和保护现场，向上级和车站负责人反映情况，做好人员伤亡和装备物资损失情况的记录，必要时留人处理，其余人员随列车继续前进。对输送途中不便继续乘行的危重伤病员，梯队长应当通过车站负责人或者车站就近安排医院救治，并留人护理和做好善后工作。发生人员漏乘时，梯队长应及时向列车长或者车站负责人通报漏乘人员姓名、漏乘地点和列车车次；漏乘人员应当与车站负责人联系，凭票或者车站负责人开具的证明乘车归队。

（三）水路开进安全

1. 装载安全

按照先底舱、后甲板的顺序装载，易燃易爆品应分开装载；车辆尽量沿首尾线纵向停放，严禁超出船体，严禁超载。

2. 乘船安全

应当组织灭火队伍开展乘船安全常识教育训练。指挥员应当会同船长对船艇进行安全检查，指定安全员和观察员，并落实安全责任。人员按照指挥员指定顺序和位置乘坐。

3. 运行安全

按规定穿着救生衣，严禁随意挪用和损坏船艇内的救生、消防设备，掌握救生、消防设备使用时机和方法。严禁人员在船上随意走动、将身体探出船舷外或坐在栏杆上。严禁擅自进入驾驶舱和发动机舱。

（四）摩托化开进安全

（1）机动前，组织车辆安全性能检查，发现问题及时处理，严禁带故障出车。

（2）有序组织人员登车，不得拥挤；登车后及时检查人员及装备是否齐全；乘车期间必须系好安全带。

（3）严禁人装混载，严禁挂车、平板车等非载人车辆乘载人员和超宽、超长、超高、超重装载物资。装备物资装载必须采取捆绑、挤靠措施固定，易燃易爆物资必须分开装载，做好密封。

（4）严格落实行车安全管理制度，各车应指定车长（带车干部）乘坐副驾驶位置；安全员乘坐在靠近上、下车位置；观察员乘坐在车辆尾部，并落实安全责任。

（5）加强对驾驶员的安全教育与管理，严禁酒后驾车，及时制止违章驾驶行为。驾驶员要自觉遵守道路交通法规，安全、文明驾驶。

（6）车辆行驶时，乘员不得将身体探出车窗外，或随意向车外抛弃物品；乘坐半封闭或敞篷运输车时，人员严禁站立、躺卧和嬉笑打闹、吸烟等。

（7）车辆编队行驶时应保持队形，未经允许不得脱离编队行车或超车。单车行驶时，应选择快捷安全的路线或按上级规定路线行驶，严禁擅自改道。

（8）要控制车速，保持车距，严禁空档滑行；遇有不良天气或通行条件差的路况，要降低车速，增大车距。高速公路最高时速不超过 80 km/h，车距不少于 100 m；普通公路最高时速不超过 60 km/h，车距不少于 60 m；砂石路、林区防火公路及运材路、高原林区盘山路最高时速不超过 50 km/h，车距不少于 50 m。单车行进时，高速公路最高时速不超过 110 km/h，普通公路不超过 80 km/h，县道不超过 60 km/h。夜间行车平均时速 30～40 km/h，车距 30～40 m。

（9）通过人行横道、十字路口、铁路道口以及人群密集区域时，必须降低车速，认真观察，安全通过。严禁在视线不良的弯道超车、会车时超车、超越正在超车的车辆和强行超车。

（10）进入连续下坡路段前，应停车检查制动系统，下坡时应正确使用淋水刹车或发动机制动，未加装淋水刹车系统或不具备发动机制动功能的车辆，行驶适当距离后，应停车检查制动情况。故障车辆应及时停靠应急车道或道路右侧，打开应急故障灯，组织人员下车，离开道路，并在车辆前后方设置警示标志（在常规道路上，应设置在车前后 50 m 至 100 m 处；在高速公路上，应设置在车前后 150 m 外的地方；若遇上雨雾天气，距离应提升至 200 m）。

（11）通过塌方、危桥等路段时，应提前注意观察；必要时，停车勘察路况或组织乘车人员下车徒步通过，确认安全后快速通过。

（12）当车辆失控时，果断采取抢挡、驶入避险车道或利用隔离栏、山体等坚固物体摩擦停靠，避免人员伤亡和财产损失。

（13）经过抢修的车辆必须达到安全行车标准，严禁带故障行车；牵引制动系统故障车辆，必须使用硬牵引，严禁使用绳索等软牵引。

（14）车辆加油时，必须关闭发动机，严禁在加油现场吸烟或使用无线通信设备。

（15）机动途中，按照规定时间组织休息，通常每 2 h 组织一次小休息，时间不超过 20 min，每 4 h 组织一次大休息，时间不超过 90 min。大小休息期间，及时检查车况，未经允许，人员、车辆不得离开，并派出警戒。小休息时，车辆靠道路右侧停放，人员离开道路，在指定地域休息；大休息时，人员离开道路，在指定地域休息，车辆停靠在道路右侧或者指定地点，组织检查保养。

（五）徒步开进安全

（1）徒步开进前，各级指挥员应明确兵力编成、携行装备的种类和数量，明确行进时间和路线；进行安全教育，提出安全要求，落实安全责任。

（2）选择距火场较近的路线行进。行进时保持班组和分队的整体性，随时清点人员和装备，保持通信联络畅通；队伍前部为先遣人员，中部为大队伍，后部为收容队，负责处理掉队及伤病人员。

（3）在机动车道和人行道混合通行道路机动时，队列必须靠右行进，注意避让车辆。通过危险路段时，应派出观察哨，发现异常立即停止前进，确保安全后快速通过。草原、荒漠、山林地机动时，应使用 GPS、北斗、指北针等器材，随时准确掌握所处位置和目标位置。密林中行进时，要严防树枝回抽，枯枝掉落伤人；水湿地段行进时，要严防人员和装备陷入泥滩伤人；山坡行进时，要严防滚石伤人；窄脊石崖小路上行进时，要严防人员装备侧滑伤人。

（4）夜间机动时，必须携带照明设备，配备方位灯；增加清点人员和装备的次数，人与人距离保持在 2 m 以内；遇有路障，要及时传递口令。

（5）按规定时间组织大、小休息。一般情况下每 2 h 组织一次小休，时间不超过 20 min；爬山时每 1 h 组织一次小休，时间不超过 10 min；每 4 h 组织一次大休，时间不超过 90 min。小休息时，应选择在车流量较少、利于观察的路段，靠道路右侧保持原队形休息，并派出警戒；大休息时，应离开道路，选择安全地域休息，并派出警戒。休息时，指挥员应明确休息时间、地点、活动范围，提出安全要求，加强人员管理；休息结束后，应及时清点人员和装备。

第二节　接近火场安全

灭火队伍到达火场附近后，第一个环节就是接近火场。接近火场是指灭火队伍机动至集结地域后，以徒步方式向火场开进，直至打开突破口的全过程。这一过程有长有短，接近火场距离越长对灭火人员的威胁就越大，是扑救森林火灾诸多环节中最危险的一环。只有安全接近火线，才能准确研判火场态势，科学实施后续行动，才能保证灭火全胜。

一、接近火场原则

（一）外线接近避入内

在火环境复杂的火场，往往会产生多条内外重叠、新老交替的火线。指挥员要分清外线火和内线火、复燃火和新火点，防止盲目接近被火包围误入险区。

（二）火尾接近避火头

火尾火势弱、火强度低、危险性小、接近安全，而火头是整个火线上火墙最厚、蔓延速度最快、火强度最高、危险性最大、扑救最困难的部位。因此，应选择火尾方向作为主要接近方向。

（三）断点接近避险区

应尽量将植被稀疏、砂石裸露等地形自然形成的火线断点作为接近目标点，要避开大载量细小可燃物和宽广草塘等危险区域。

（四）山下接近避火头

当林火向山上燃烧时，受地形和热量传导方式叠加的影响，火势迅猛，变化快，强度大；而下山火火焰高度低，火行为稳定，相对安全，利于接近火线。

（五）林缘接近避密灌

林缘线是森林和草地或灌木之间的交错群落，通常由于人类活动使其保持或扩大，便于灭火队伍接近火场；而密灌丛林存在行动迟缓、视线较差、阻挡物多等不利因素，当发现火势变化袭来时已无法躲避。

（六）开阔接近避深谷

接近中，应选择海拔落差在 50 m 以内的丘陵、草原和缓坡等开阔地域，避开蜿蜒深沟、单口山谷、“V”形峡谷等狭窄空间，防止避险时出现人员拥堵、烟尘窒息、被迫选择危险地形转移。

二、接近火场应把握的风险要素

（一）地形风险要素

（1）森林火灾大多发生在交通不便、地形复杂的偏远地域，灭火人员需背负 10～20 kg 的装备物资，徒步十几个甚至几十个小时才能到达火场，当人的极限专注度超过 12 小时，易出现精神麻木、执行力下降、组织不力、人装分离、编组混乱、身体疲劳、伤病增多等情况，存在到位后难以执行后续任务或遇险时难以高效组织处置的风险。

（2）接近火线过程中，通常会遇见陡坡、山谷、草塘沟、山脊、鞍部等五种危险地形。接近陡坡时，存在滚石砸伤、人员摔倒、遇有险情转移慢等风险；接近山谷、鞍部时，存在队伍长、间距大、难控制和一氧化碳中毒、烟尘窒息等风险；接近草塘沟时，存在崴脚扭伤、遇险时应急处置时间短等风险；接近山脊时，存在火行为不稳定易形成冲火伤人的风险。

（二）气象风险要素

我国北方林区主要为温带大陆性气候和温带季风气候，南方林区主要为亚热带季风气候和热带季风气候。在特定的季节、固定的时段，季风风向相对稳定，但受特殊植被和局部地形影响，极易发生风向突变，由顺风接近变逆风接近、火尾接近变火头接近，造成被火围困等险情。

在大风天气，火场不易形成对流柱，火焰会顺风倾斜，降低火焰的相对高度，使灭火队伍难以准确判断火场的距离和位置。同时，大风夹带着大量烟尘，造成能见度降低，灭火队伍无法观察火场情况。

（三）植被风险要素

在郁闭度超过 0.3 的森林内行走时，灭火人员视线受阻，通视条件变差，观察距离缩短，不能及早发现险情，易发生伤亡事故。人员在生长茂密的灌丛、宽大的草塘中行动迟缓，灌丛、杂草为细小可燃物，其燃点低、载量大，加之通风条件好，火的蔓延速度快、释放能量迅速、火强度高，极易发生伤亡。

2003 年 3 月 28 日陕西省佛坪县，在扑救袁家庄镇塘湾村的森林火灾中，15 时许，部分灭火人员到火头前方，欲开设隔离带拦截火头时，由于开设隔离带的地域内草本可燃物载量大，火头在大风的作用下，突然烧入欲隔离区域，最终造成 10 人死亡。

三、接近火场的方法

（一）接近前，做到“听、查、定”

一是听取火情介绍。在受领上级任务时，要弄清上级意图和火场基本态势、本级任务、作战区域、道路及友邻情况，确保任务明确、目标清晰、责任具体。二是侦查接近路线。以2～3人为一组派出多路信息搜集组，利用望远镜、瞭望塔、制高点观察就近路线；向当地群众了解路况信息；使用无人机、电子地图查路线、距离、火场位置。三是确定接近方案。汇总各组信息，研究确定最佳接近火场方案，明确留守人员、装备物资携行、通信联络方式、险情处置手段等，细化责任分工，规定准备时限。

（二）接近中，做到“编、管、观”

一是科学编组开进。按照中队长在前、建制班跟进、指导员收尾的顺序组织接近，队员之间保持2 m左右距离。中队长带领部分骨干作为前突分队，距大队伍200 m左右，密切观察火势发展和地形变化，引导队伍安全接近。指导员带领保障人员作为后卫分队，负责照顾伤病员和收拢掉队人员。二是加强开进管理。保持整建制编队行进，定时组织前突、本卫、后卫分队通联，适时清点人员、装备。休息时，派出观察员密切关注周边环境及火势发展，及时补充给养，处理伤病员。三是观察火情变化。前突分队要密切关注火势变化，采取制高点观察、无人机伴飞、有害气体报警等方式，预判火情发展，并立即报警。

（三）到位后，要做到“设、报、备”

一是设置安全区域。要选择植被稀疏、可燃物载量低、地势平缓的区域作为安全避险区；无合适区域时，可在火线附近开设一块安全区域，确保遇险时能迅速转移。二是报送一线情况。到达火线后，要及时上报火场坐标、风力风向、火势发展、人员装备等，便于联指指挥决策。三是做好作战准备。明确任务分工、做好战斗编组、穿戴好防护装备、检查通信装备、灭火机具性能是否良好等，为突破火线行动奠定基础。

第三节　撤离与转场安全

撤离和转场阶段的安全，是确保灭火任务圆满完成的关键，关系到灭火队伍的士气和任务完成的好坏。

一、撤离安全

撤离阶段虽不是灭火行动阶段，但是安全管控的重要环节。灭火人员经过长时间的灭火行动，极度疲惫，精气神与来时判若两人，行车安全管理各环节都有松懈，易引发安全事故。

（一）做好火场交接

队伍撤离火场前要严格验收火场，验收标准为火场达到“三无”（无火、无烟、无气味)。验收火场时，火场最高指挥员要亲自或指派专人与火场接管单位做好交接，做好各项记录，负责人签字，在确保不发生复燃的情况下才能撤离。

（二）认真清点人员装备

火灾扑灭后，灭火人员归建心切，容易忙乱而引发问题。指挥员要保持清醒头脑，认真组织清点人员装备，防止丢失和遗漏装备物资。清点时，人要数到人头，装备要查到每件，做到不落一人、不失一物。

（三）彻底熄灭生活用火和清理生活垃圾

队伍撤离宿营地前，要彻底熄灭野外生活用火，防止引发新的林火险情。要组织专人彻底清理生活垃圾，不可降解的垃圾应分装带走，扔到垃圾回收点，可降解的垃圾应挖坑深埋，防止污染和破坏环境。

（四）及时补充给养装备

队伍撤离前，要认真检修装备，及时补充给养和油料等物资，保证遇有情况快速反应、连续作战。

（五）有序撤离至集结地域

一般情况下，沿火烧迹地边缘按原路返回至集结地域。当集结地点不明时，要时刻保持通信联络，严禁随意选择撤离路线，严禁随意穿插火烧迹地。

（六）抓好归建途中安全

启程前，指挥员必须认真搞好安全教育，强调注意事项，落实各类安全人员和责任。做好车辆检修，保持车况良好；驾驶员要保证休息时间，保持精力充沛。归建途中，保持适当车速、车距，安全驾驶，宁可不走也不疲劳驾驶、带病行车，确保灭火队伍安全归建。

（七）搞好任务一战一评

灭火队伍归建后，要重点总结经验教训，分析评估行动效益，不断丰富实战经验，严明实施奖惩，查找存在的各类问题。对常见的违规作业、有装不用、防护不严、有禁不止等问题，认真加以解决和改正，切实提高灭火人员的纪律观念和防护能力，严防伤亡事故的发生。

二、转场安全

转场阶段由于灭火人员经过连续作战，身心疲惫、精力分散，易发生安全事故。

(1) 队伍转场前，指挥员要认真组织清点人员和装备，防止人员丢失和装备遗漏。

(2) 队伍转场前，要认真检修装备，使之恢复良好技术状态。同时，还要及时补充给养和燃料，保证队伍能够连续作战，出现险情能够及时处置。

(3) 队伍转场前，要彻底熄灭野外生活用火，防止引发新的火灾。

(4) 队伍转场前，要适时开展安全教育，按安全规定要求有序组织转场。

思考题

1. 队伍集结阶段有哪些安全注意事项？
2. 摩托化开进有哪些安全注意事项？
3. 徒步开进有哪些安全注意事项？
4. 接近火场的原则有哪些？
5. 接近火场应把握的要素有哪些？
6. 撤离与转场阶段有哪些注意事项？

第五章　灭火行动安全

灭火队伍从突破火线开始直至火场明火基本被扑灭的过程中，各级指挥员要及时、准确地搜集所属队伍灭火行动情况，对处于火场不同位置的人员提出不同的要求，确保灭火人员和机具的安全。

扑救森林火灾必须贯彻“预防为主，积极消灭”的方针，立足现有装备，充分发挥人与装备的最大效能，采取积极有效的灭火方法，快速反应，打早、打小、打了，最大限度地减少火灾损失，保护国家森林资源及人民生命财产安全。

第一节　扑打火线安全

一、突破火线

灭火队伍到达火场后，在火线上选择一个或多个突破点，迅速打开缺口，而后展开对火线的控制。

（一）突破点的选择

（1）选顺不选逆。就风向而言，应选择顺风或侧风打开缺口，不可逆风实施。

（2）选下不选上。就地形而言，应在火线的下方选择有利位置打开缺口，不可在火线上方实施。

（3）选疏不选密。就森林郁闭度而言，应选择疏林地打开缺口，不可在密林地实施。

（4）选小不选大。就可燃物载量而言，应选择可燃物载量小的区域打开缺口，不可在大载量可燃物地域实施。

（二）突破火线的原则

（1）根据兵力输送情况，选择可以迅速到达火线的地段。

（2）选择有利于迅速向重点方向和重要目标进攻的地段。

（3）对于高强度火线，通常选择火势较弱，可以安全突入的地段。

（4）按照前线指挥部统一部署所确定的地段突入。

二、扑救地表火

森林火灾以地表火最多，南方林区约占 70% 以上，东北林区约占 94%，是森林火灾扑救中面对的主要林火类型。

（一）危险情况

（1）火势突然加大或火头方向突然发生变化。

（2）从山上向山下直接扑打上山火。

（3）在危险地段灭火或休息时。

（二）预防措施

（1）通常扑打火头时，应从火头的两翼选择火势较弱地段，采取“一点突破”或“多点突破”，两翼夹击火头，严禁正面迎火头扑打。当火强度大时，可避开强火打弱火，选择火尾突破，采用多点突进、分兵合围战术，追歼火头。

（2）扑打火线时，要紧贴火线。在火场上，灭火人员贴近火线灭火更为安全，当火势较猛，风向倒转，大火回烧或遇大火突袭时，灭火人员可立即从扑灭的火线处撤入火烧迹地内躲避。

（3）当火焰高度超过人高时，热辐射强度大，灭火人员无法靠近火线，故不能直接扑打，应采取间接灭火方法。

（4）在扑打上山火时，不可直接迎火头扑打上山火头，因为上山火蔓延速度快、强度大，在火头上方拦截火头，会造成人员伤亡。

（5）在山脚下灭火时要防止山坡上的滚木、滚石造成伤亡；应在被扑灭的火线边缘休息，保证遇有险情可迅速进入火烧迹地避险。严禁在草甸、杂灌、山沟等危险地带休整，夜间清理火场及返回营地时，沿火线清理返回，以防“迷山”。

三、扑救树冠火

树冠火多数由强烈的地表火引起，多发生在可燃物垂直分布与水平分布相连的大郁闭度针叶林。树冠火的火势发展迅猛，燃烧强烈，释放能量高，常伴有飞火发生。因此，扑救树冠火难度大，危险性高。

（一）危险情况

（1）火蔓延方向突然改变。

（2）火蔓延速度突然加快。

（3）大量飞火落在灭火人员后方。

（二）预防措施

（1）设立观察哨，时刻侦察周围环境和火势，判断火的蔓延方向，估测火的蔓延速度，时刻观察飞火和火势变化。

（2）在林火前方开设隔离带时，应建立安全避险区。

（3）点放迎面火的时机，最好选择在夜间进行。

四、扑救地下火

地下火可以烧至矿物层和地下水位的上部，蔓延速度缓慢（<5 m/h），温度高、破坏

力强、持续时间长，扑救困难。其燃烧形式主要有三种：一是表层可燃物燃烧过后，下层可燃物阴燃跟进；二是火线垂直燃烧；三是下层可燃物的蔓延速度快于表层可燃物的蔓延速度。

（一）危险情况

地下火因其对树木根系破坏严重，地下火过后，地表土质变得疏松，易发生树倒伤人。此外，地下火主要发生在腐殖质层及泥炭层较厚的原始林区，当下层可燃物的蔓延速度快于表层可燃物的蔓延速度，易发生灭火人员掉入火坑烧伤事故。

（二）预防措施

（1）为了防止灭火人员掉入火坑，要正确判断下层可燃物的燃烧位置，在外线实施扑救。

（2）禁止灭火人员在火烧迹地内行走，防止树倒伤人。

（3）在枯立木较多区域扑救地下火时，要设立观察哨，时刻观察火场的情况，防止发生意外。

五、阻隔灭火

阻隔灭火是指利用自然依托、人工开设依托或其他手段，在火场蔓延前方的一定距离，利用人工或机械开设生土带，开伐隔离带、点烧隔离带，对地面可燃物采取洒水、碾压形成阻火带，开设隔火沟等，阻隔火线蔓延。根据火场实际需求可分为人工阻隔和机械阻隔。

（一）危险情况

（1）在上山火的上方山坡和山脊线上开设隔离带。1986 年 3 月 29 日，云南省玉溪市发生森林火灾，30 日林火蔓延威胁到国家重要战备物资仓库，31 日早晨 3000 多人陆续到达距火头 2 km 的刺桐关东山大箐顶山脊，在山顶海拔 2365 m 处开设隔离带，12 时，开设隔离带 1000 m 后，大部分人员转移到侧翼开设隔离带，留下部分人员休息待命。13 时，东南坡的林火烧至谷底后，火瞬间从谷底蔓延到对面山坡形成冲火，伴随着高温、浓烟和轰鸣声，迅速冲过隔离带，造成 24 人死亡，96 人烧伤。

（2）在可燃物载量大的区域近距离开设隔离带。

（3）在开设隔离带时，未提前开设安全避险区域及明确撤离路线。

（4）在开设隔离带时，将清除的障碍物放到隔离带内侧。

要将清除的障碍物放到隔离带外侧，防止点火后增加火强度，造成跑火。在可燃物载量大的地段开设隔离带时，要把挖出的土覆盖在靠近隔离带外侧的可燃物上。

（5）开设隔离带后，未及时沿隔离带内侧边缘点放迎面火，增大隔离带宽度。

（二）预防措施

（1）开设隔离带的宽度、长度要根据当地的树高、坡度的大小以及风向、风速来确定。一般情况下，隔离带的宽度需在 10 m 以上。当大风天气，林区已形成急进地表火和猛烈的树冠火时，隔离带的宽度一般需在 50 m 以上。

（2）开设隔离带的地点，要根据林火蔓延速度和开设隔离带所需时间而定，应确保在火头到来之前完成隔离带的开设。

（3）在平缓地带，隔离带走向要尽可能与风向垂直；在山坡地带，隔离带要环山开设。

（4）尽可能利用河流、小溪等自然条件和道路、农田等人为条件设隔离带。

六、火攻灭火

火攻灭火是指在林火前方一定距离，点烧一条火线，然后人为控制这条火线反向蔓延，最终与烧来的林火相遇；由于两股火的周围已经没有可以燃烧的物质，同时两股火的结合部氧气消耗殆尽失去燃烧条件，林火就熄灭了，从而实现灭火目的。

（一）适用范围

（1）用直接灭火法难以扑救的高强度地表火或树冠火。

（2）植株茂密且可燃物载量大，灭火人员无法实施直接灭火的地段。

（3）有可利用的依托，如铁路、公路、河流等。

（4）在没有可利用的依托且时间充裕时，可先开设人工防火线，再以防火线为依托开展点烧作业。

（5）在可燃物载量少的地段采取直接点火，扑灭外线火。

在灭火实战中要结合火场周围条件，如可燃物、气象及地形条件采取不同的点烧方法。火攻灭火的点烧方法有带状点烧、梯状点烧、垂直点烧、直角梳状点烧、封闭式点烧等。

（二）注意事项

（1）采取火攻灭火时，各组要应密切协同，各组长须由实战经验丰富的班排长担任。点火组负责点烧，扑打组负责助燃和灭火，清理组负责清理火烧迹地内余火。

（2）以公路、铁路等控制线作为依托时，需提前对桥梁和涵洞下的可燃物采取必要的防护措施，防止点火后火从桥梁、涵洞跑火。

（3）当可燃物条件不利时，幼林、异龄针叶林、森林可燃物密集且载量大，一定要集中足够的灭火力量，尽可能把点烧的火强度控制在可控范围内。

（4）当气象条件不利时，火场风力较大，往往出现点烧火越过控制线的问题。点烧时，一定要紧贴依托边缘点火，同时加强控制线的防护力量。

（5）当地形条件不利时，如鞍部地带、山脊线、依托的转弯处等都应采取必要的措施。

（6）依托在坡上时，一定要多层次点烧，以防点烧时火越过依托造成跑火。

第二节 清理火场安全

森林火灾扑灭后，火场上常有余火，特别是树根、枯立木、病腐木、倒木上的余火一时不易熄灭，同时，还有看不见的地下火，如遇大风，余火很容易复燃。灭火中强调“三分打，七分清”，可见清理工作的重要。清理工作不到位不彻底，带来的最大问题就是火线很快复燃，甚至反复复燃。灭火人员不得已，只好回头再打，来回奔袭，疲于应付，严重影响灭火效率和灭火进程。因此，必须全面巡查火场、扑灭余火、清除暗火，实现火场“三无”，确保火场不复燃。

一、清理方法

（一）地表火隔开清

对于地表火清理，要把燃烧灰烬全部清到火烧迹地内，使之与地表可燃物彻底隔开。平缓区域地表火清理可使用风力灭火机，用强风将灰烬吹向火烧迹地内。对于吹不动的枝丫，用二号工具和组合工具清理到迹地内。陡坡区域的地表火清理忌用风力灭火机，因为风力灭火机易将地表的松果球、朽木段、枯枝等吹燃、再吹散，引发新的火点。

（二）树冠火锯断清

对于树干、树冠层上的余火清理，需将燃烧的树木伐倒、锯成数段，然后拖入火烧迹地内。使用水枪直接喷水至燃烧部位，使其温度降至燃点以下，熄灭余火；也可用土覆盖燃烧部位，隔绝氧气，使其缺氧而熄灭。

（三）地下火扒开清

对于地下火清理，首先在地下火前面适当位置，扒开地表的草皮，然后用铁锹、耙子等工具开挖宽度约 30 cm 的防火沟，直至露出生土层，同时砍断植物地下延伸的根系，阻断泥炭层、腐殖质层的连续性，使地下火因缺少燃料而熄灭。

（四）难清地段点烧清

火场清理过程中，常常会遇到一些难以清理的地段，如大型的难以移动的燃烧倒木、树根以及悬崖峭壁上的暗火烟点，这些地段清理难度大且费时费力。这时，可在目标物周围 10 ~ 20 m 处弧状点烧，将其圈到火烧迹地内，而后安排专人看守，避免滚落的松果和枝丫形成新的火点。

二、清理程序

（一）前打后清

在开展灭火行动过程中，扑打组在前面扑打明火，清理组要跟进清理火线。清理组要与扑打组保持一定的距离，这一距离应根据清理火线的难易程度和天气情况而定，距离过大可能在扑打组和清理组之间发生复燃火，距离过小可能在清理组后面发生复燃火。

指挥员应重视清理力量的配置，无论是平时训练还是灭火行动方案，都要有打和清两部分力量。实战中，队伍切入火线后要立即形成梯次配置，前面打明火的是攻坚班，后面跟进的是清理班。有打有清，稳扎稳打，打一段巩固一段，兵力充足。火场清理难度大时，可组成多个清理组，交替反复清理。清理组之间应保持一定距离，要加强中间部位清理组的力量，防止出现各清理组之间的距离过小或过大的情况。

（二）认真检查重点清

在对火线整体清理一遍后，指挥员应根据火场实际，组织人员对火线重点地段进行重点清理。清理工作也要坚持以水灭火的理念。大家都知道，打明火时以水灭火效果好，以水来清，效果更好。明火过后，余火强度弱，人员可近距离接近火线，将灭火水枪调成雾状，精准喷在灰烬上。这样清理火线，用水量不大，还比较彻底，复燃率极低。所以，清理队伍除要有一定数量的二号工具和组合工具手外，还要有一部分水枪手。清理时，尽量多背点水，多用点水。要积极寻找和利用水源，创造性地实施以水灭火。如果条件具备，尽量架设水泵清理，这也是实现打清一次到位，避免死灰复燃最有效的措施。实战证明，在风干物燥的防期，大多数火场最终都是靠全线洒水才解决了清理问题。

（三）分段负责反复清

在重点清理之后，指挥员根据上级要求、火场实际、力量部署情况，将火场划分成若干段，由各分队、班组分段负责清理。

（四）看守火场彻底清

看守火场是扑救林火的收尾工作，也是完成火灾扑救任务的最后保证。看守火场的关键是“看”，而不是“守”。“看”，就是在看守火场过程中，灭火人员携带清理工具，轮流沿被扑灭的火线边缘不断地进行检查，发现问题及时处理。

看守火场的过程也是深入清理的过程，要向看守人员提出清理标准、清理重点。要加强对清理标准的技术指导，如上山火、林草结合部、灌木丛要清得远一点宽一点；次生林、草原火就可以清得近一点窄一点。看守火场阶段灭火行动相对不那么紧张，除主动寻找和充分利用附近自然水源外，还可积极协调军队和群众的力量向火场供水，深化以水清理的运用。原始林腐殖层厚易形成地下火，清得要既宽又深，甚至要调用机械开设隔离带。看守火场的时间应视火场具体情况而定，一般看守 48 h。在干旱、大风情况下，看守火场的时间可达 72 h。

三、注意事项

（1）火灾扑灭后，灭火人员要持续巡查火场，清理燃烧物，火场边缘 50 m 以内的余火应彻底清除。

（2）余火清理要从火场边缘开始，由外向内逐段清理。

（3）成堆的可燃物，应将其分开，隔离可燃物；平铺的可燃物，应将其翻面移动，用刀或铁锹将燃烧部分刮除，加速熄灭。

（4）火场边缘燃烧的树木，如无法用水使其熄灭，应将其砍倒，然后移至火烧迹地内。如不能砍倒，清除树木周围可燃物，清理半径为树高的1.5倍，并派人看守，随时扑灭掉落的燃烧着的树枝。

（5）燃烧的树根在地下有延伸穿过火场的可能，要将燃烧的树根砍断一节移去，并将切口以上回填踏实。

（6）在腐殖质层深厚的地段应开挖隔离沟阻截地下火蔓延。

（7）要随时注意是否有飞扬的火星或燃烧的枝叶飞散到火场外，尤其是风力强大时，巡查工作不可松懈。

我们强调灭火安全，往往只关注接近火线、组织扑救等环节，而对清理阶段关注度不够，实际上这个环节的险点也很多。例如，2010年四川道孚“12·5”山地灌丛火灾导致解放军一个独立营的15名官兵在清理余火时遇难。2011年云南大理“3·9”森林火灾，明火扑灭后又复燃，导致正在清理火场的县乡灭火队9人遇难、7人受伤。惨痛的事实告诉我们，在峡谷、陡坡等危险地形清理时，尤其要注意安全风险。例如，扑救陡坡上山火时，下坡处的灭火人员如清理不彻底，火线复燃后容易产生向上快速燃烧的冲火。高强度的冲火会对灭火人员形成“架在火上烤”的态势，易造成群死群伤。所以，清理队伍既是灭火质量的保证，也是灭火安全的保证。同时，明火过后，会造成山坡上的石头松动，有滚石伤人的危险；过火后的枝丫树杈易掉落，有伤人头部的危险；一些枯立木过火后，也有倾倒砸人的危险。所以，各级必须注重火场清理安全问题，不可麻痹大意。

第三节　野外宿营安全

野外宿营是灭火行动不可或缺的一个重要环节。宿营安全是保证参战人员休息、恢复体力、保持战斗力的重要环节，是确保连续作战的重要保障。各级指挥员一定要高度重视，科学组织，确保宿营安全。

一、宿营地选择

选择宿营地时，要全面了解当地的林情、社情、地形和疫情，并要结合担负的灭火任务、兵力输送方式和火情等情况，综合分析火场地形、植被、水文、气象、交通等因素，周密判断情况，本着安全、方便、有利于作战的原则，科学合理地选择火场宿营地。

（一）适合火场宿营的地域

（1）便于安全宿营的地域。主要选择在居民地、林地农田、河滩、火烧迹地、背风向阳的山脚等植被稀少、可燃物不连续分布的地段。宿营时，要对周围的站杆、枯立木进行彻底清理，消除各种隐患。

（2）便于灭火行动的地域。宿营地距火场要尽可能近，保证灭火人员快速接近火场，及时投入灭火、清理和看守火场，实现打早、打小、打了。同时，选择宿营地还要考虑通信联络方面的因素，要便于天线架设，无盲区。

（3）便于火场生活的地域。主要选择在地形起伏小，水源充足，取柴方便，便于统一架设帐篷，便于生活的地段。

（4）便于集结机动的地域。要选择在距离道路近、便于车辆行驶和停放的开阔地域，便于灭火人员机动和各类保障物资的输送。采取机降、索降灭火时，还要根据直升机机型，选择在周边具有一定面积，无林木，可安全实施机降、索降的平坦开阔地段宿营。通常，根据风向，宿营地应选择在火线的侧后翼、自然条件相对安全、有水有柴、地势平坦、河边、沙滩等利于在营地周围开设隔离带的地域或火烧迹地等安全地域。

（二）不适合火场宿营的地域

（1）低凹沼泽地。沼泽地多分布有苔草塔头，属于水湿地，立地条件潮湿，地表松软，不易架设帐篷，不利于人员住宿和车辆机动。

（2）狭窄草塘沟。此类地段通常只有一个沟口，盛行风沿沟塘方向受渠道效应的影响，风速加大。此外，沟塘内主要为草本和灌丛等易燃可燃物，一旦发生火灾，火势发展极快，扑打困难，易造成伤亡。

（3）山腰山凹处、鞍部。一方面，地域不开阔，不便于人员机动和宿营；另一方面，山腰处的植物较为干燥，受上升气流、越山气流、谷风的影响，易导致火行为发生突变，造成灭火人员伤亡。

（4）风口处。此类地域属危险区域，容易遭受大火袭击。由于风大，火势迅猛，火线难以控制，常常造成灭火人员措手不及，而造成人员伤亡。

（5）枯立木。地下火经过的地段容易发生风倒木和风折木，造成意外伤害。尤其发生地下火时，宿营地必须选择在没有林木和远离火线的地段，防止倒木伤人。雷雨天在孤立的大树下宿营，易遭雷击。

（6）在夏、秋季宿营时还要注意避开悬崖峭壁、山洪河道及易形成泥石流和山体滑坡的地段。

二、宿营地管理

（一）规范宿营地区划，确保营地有序

选定火场宿营地域后，指挥员应根据灭火需要及宿营地自然环境合理进行区划。在确保安全的前提下，要有利于灭火行动和人员生活，并要在各划分区设立明显标记，使宿营地井然有序。通常情况下，火场宿营地划分为四个区。

（1）营地隔离带。其主要用于防止宿营地跑火引发新的火灾，同时防止林火烧入宿营地。指挥员应组织在宿营地周围开设一条有效闭合的防火隔离带，隔离带宽度一般不少于 10 m，清理可燃物时要露出土层，重点危险地段要加宽隔离带宽度，消除一切隐患。

(2) 前指工作区。前指工作区是宿营地的核心，位置要适当，保证对一线灭火人员实施不间断的控制协调。

(3) 人员生活区。其主要为人员集中食宿的区域，包括帐篷居住区、取暖区、文体活动区、垃圾点和厕所，是整个宿营区域的主要部分。生活区占地面积最大，地势要平坦，立地条件要干燥，帐篷设置要整齐有序，便于人员休息、集结。

(4) 后勤保障区。其主要用于停放车辆，存放装备、物资和器材，包括灭火装备区和油料存放区、被装存放区、给养存放区、停车区。后勤保障区要远离火源，与生活区保持一定的距离，装备物资要做好防雨防潮，车辆停放要统一有序。

(二) 实施野外露宿，合理架设帐篷

按照划定的生活区，野外露营要适时架设帐篷。火场露营装备的种类主要有：吊床、单人帐篷、双人帐篷、班用帐篷、指挥所帐篷和宿营车等。灭火时，可根据参战兵力规模、林情、地形和时间等情况，按照灭火预案规定携带宿营装备。目前，分队参加灭火，主要携带07式野战双人帐篷，这种帐篷具有防水防潮、便于携带架设、防寒、保暖性能好等优点。建立灭火前进指挥所时，通常还要携带指挥所帐篷或宿营车等。火场架设帐篷的要求：

(1) 帐篷布局要合理。在帐篷架设过程中，要根据宿营地的地幅、风向和地形等情况，对帐篷架设区进行合理布局。架设帐篷应尽可能按建制单位顺序配置，各帐篷要保持适当的间隔距离，整齐排列，帐篷左右间隔一般为1 m，前后距离为1.5 m，帐篷开门统一朝一个方向，向南或朝向道路，便于人员出入。

(2) 帐篷架设要规范。架设帐篷应在地势平坦处，清除地面杂物，平放地布，2人协力支起，固定地钉，钉桩时先钉四角，钉钉时应使帐篷拉绳与帐篷脊线成一条直线，钉桩位置应使橡胶圈均匀受力，门前拉绳与地面成45°~60°。

(3) 帐篷架设要牢固。在风力较大的情况下，使帐篷某一角正对风向，风会沿帐篷顶部和两侧流动，以减少对帐篷压力。同时，帐篷四周要开挖排水沟，两帐篷间可共用一条排水沟，排水沟通常宽为30 cm，深为20 cm。

通常，帐篷的架设应当集中。带队干部、炊事人员、报务员所住帐篷应相对集中并在一侧，报务员所住帐篷在最外侧，以免影响灭火队员休息。帐篷口都应朝向背风方向，担任警卫任务的帐篷口方向应与其他帐篷的方向相反，以保证营地安全；每顶帐篷周围应开设排水沟，或在营地外围开设排水沟。

(三) 突出火场宿营重点，加强人员管理

灭火人员在火场宿营时，应根据驻地环境特点及灭火任务情况，有针对性地做好人员管理。

(1) 因地制宜，划区分片集中管理。人员住宿应根据驻地情况，尽量成建制划分，保持相对集中，绝对不准单人散驻。同时应根据火场的具体情况和地理环境，划定人员的活动范围。

（2）安排好人员的休息和饮食。灭火人员体力消耗大，睡眠不足，饮食不定。要利用灭火间隙，保证一定的睡眠，适时把野炊搞得好一些，使灭火人员保持充沛的精力和体力。

（3）组织一些集体活动，防止各行其是。在完成灭火作战任务后，应有组织地安排集体活动，例如开展战地联欢等活动。

（四）明确火场宿营制度，确保宿营安全

（1）值班警戒制度。为保证宿营安全，火场指挥员要及时安排宿营地值班和警戒人员，明确人员编成、任务及派出时间等。应当按照新老搭配、强弱组合原则进行勤务编组，并结合宿营地情况，提出安全要求，配备通信和警戒器材。昼间通常由留守人员负责宿营地警戒。夜间宿营时，应适当增加观察警戒力量，设置岗哨，一般为 2 人以上；岗哨通常设在宿营地的对角，4 人以上可多角设岗；指定班长（骨干）担任领班员，不间断检查履职情况；警戒人员发现宿营地及周边有异常情况时，应当立即判明情况，果断处置的同时，迅速向领班员报告。

（2）安全用火制度。灭火人员必须严格遵守火场安全用火规定，减少不必要的用火，严禁在隔离带以外吸烟；不在帐篷内用明火照明或吸烟，防止发生火灾；不用炭火在帐篷内取暖，防止一氧化碳中毒；五级风以上天气，营地内禁止一切用火。要妥善选择野炊场地，锅灶应设在人员宿营地外侧下风方向 30～50 m 处的河滩或火烧迹地，要开设好防火隔离带，防止跑火，引起火烧连营。取暖做饭用火后，要及时彻底熄灭余火，防止跑火。各类桶装燃油和油罐车集中管理，距离帐篷 30～50 m 为宜。

（3）安全防范制度。夜间要在宿营地的安全地带点燃篝火，驱散野兽，防止遭受猛兽袭击。帐篷架设好后，可沿营区周围撒一圈闭合型白灰，或在火中点烧适量雄黄，达到驱蛇驱虫、防止叮咬的目的。要在帐篷拉绳上做好醒目标志，防止绊倒摔伤。

（五）严格宿营地卫生，确保健康文明

（1）在火场生活时，卫生人员应扎实做好卫生防病工作，要对当地水源进行检查，确保无污染无有毒物质，生活用水要尽量用河水或是流动的溪水，饮用水要烧开，做饭要做熟，不能吃夹生饭，不食用不明野生动植物，防止食物中毒。

（2）生活垃圾应统一倒入坑内，不能随便丢弃，垃圾坑距离帐篷区 30～40 m，厕所应在宿营地域外侧下风头 100～150 m 处，保持良好的火场卫生环境。

（3）撤离火场时，要及时组织人员彻底清理掩埋火场生活垃圾，对产生污染的再生垃圾，应统一打包带回，防止污染周围生态环境。

思考题

1. 突破火线的原则有哪些？
2. 火线突破点应如何选择？

3. 地表火扑救的危险情形有哪些？
4. 实施阻隔灭火的危险情形有哪些？
5. 清理火场有哪些注意事项？
6. 野外宿营地应如何选择？

第六章　火场紧急避险

火场紧急避险是在大火威胁人身安全时，灭火人员为躲避危险所采取的紧急措施。在实施紧急避险时，灭火人员要时刻保持清醒头脑，坚持做到不盲目指挥、不违规作业、不冒险行动，正确掌握火场紧急避险方法，是确保灭火人员免遭大火伤害的最佳途径，是确保灭火人员人身安全的有效措施。

第一节　火场紧急避险的概念及特点

一、火场紧急避险的概念

紧急避险是法律专用名词，从广义上讲是指当国家公共利益、公民的人身、财产和其他权利，遭受正在发生的或突然发生危险的紧急情况下，为避免或减少灾害而采取的应对措施或处置方法，是一种有意识或无意识的自我保护行为，当灾难降临时，人身权利大于财产权益，而人身权利中生命是第一位的。

火场紧急避险是指灭火人员在遭受林火袭击时所采取的紧急应对措施，核心是最大限度地保护灭火人员和人民群众的生命安全。它既是一种防范措施，又是一项灭火人员应具备的基本技能。

二、火场紧急避险的特点

考虑影响灭火人员伤亡的主要因素及林火发生、发展的特点和规律，并结合近几年来发生的灭火人员伤亡情况，火场紧急避险具有以下特点。

（一）处置时间的紧迫性

林火行为在特殊的地形、气象和可燃物条件下，特别是在强阵风的作用下，林火具有瞬间突然爆发危及灭火人员安全的特点，这种特点决定了火场险情的难以预料。遇险后，林火与灭火人员接触快，应对时间短，要求灭火人员在较短时间内做出快速反应。

（二）处置环境的复杂性

火场紧急避险的复杂性主要体现在林火随火场植被、地形、天候的影响而复杂多变，在不同的地形地貌、可燃物分布、气象和时段等条件下，林火的强度、蔓延速度、火行为等变化不尽相同，这种差异和变化对灭火人员构成的威胁也不同。特别是坡度、坡位、坡向以及山谷、山脊、鞍部等地形的起伏变化能改变林火行为和林火类型，从而形成多种多样的危险火行为。

（三）处置方法的多样性

火场紧急避险方法以及常见险情的应对措施，是紧密结合现地地形、植被、气象等自然条件，以及灭火人员素质、防护装备等实际，针对不同的险情采取的不同处置方法。同时，这些方法可根据火场情况相互转换、相互补充，随着火场情况变化而变化，随队伍战斗力的提升、装备的改进而创新发展。

第二节　火场紧急避险的原则及要求

一、火场紧急避险的原则

实施紧急避险，必须坚持“以人为本，安全第一”的原则，最大限度地减少人员伤亡和人民群众生命财产的损伤。火场紧急避险通常遵循以下原则。

（一）严密组织，全程防险

森林火灾扑救是人与自然灾害的斗争，是一项高危作业，险情无处不在，无时不有。各级指挥员要站在对灭火人员生命安全负责的高度，牢牢把握灭火行动各个环节，随时随地掌控灭火队伍行动，时时警惕，处处防范，严密组织，确保灭火行动全程安全。

（二）果断决策，紧急避险

火场险情具有一定的突发性。灭火人员不慎遭遇险情时，各级人员要保持镇定，切勿惊慌失措，四散逃生。指挥员要在最短时间内，准确判断林火行为可能对灭火人员造成的伤害，果断定下避险决心；灭火人员要服从命令，听从指挥，按照指挥员的命令迅速处置险情。

（三）科学指挥，主动避险

林火行为虽然具有复杂性和突发性等特点，但也有一定的规律可循。只要遵循林火发展变化的客观规律，依据火情、地形、气象等诸多因素，提前预测险情，科学判断火情，主动应对突发情况，防止因决策指挥不当或避险不及时造成灭火人员伤亡。

（四）快速反应，及时救险

由于受自然条件、灭火人员素质及防护器材等因素影响，避险结果具有不确定性。这就要求紧急避险必须坚持“快速反应，及时救险”原则，加强避险后的救护工作。在最短时间内，以最快速度对伤病员实施救护，最大限度降低人员伤亡。

二、火场紧急避险的要求

在扑救森林火灾中遭遇险情时，指挥员和灭火人员要时刻保持清醒头脑，做到不盲目指挥、不违规作业、不冒险行动，以避免或减轻事故的伤害。

（一）指挥员的基本要求

（1）及时掌握火场天气情况。

（2）正确分析判断火行为变化。

（3）密切注意可能发生危险的地段。

（4）接近火场时，要明确撤离路线。

（5）对火场可能出现的各种情况有充分应急准备。

（6）要适时组织灭火队伍休整，保持旺盛的体力。

（7）时刻保持通信联络畅通，及时掌握灭火队伍行动。

（二）灭火队员的基本要求

（1）灭火队员按规定着装，配备必要的安全装备和通信、照明器材及火种等。

（2）接近火场时，要时刻观察三大自然因素（可燃物、地形、气象）和火势的变化，同时要选择安全避险区域或撤离路线，以防不测。

（3）密切注意火场天气变化，尤其要注意午后伤亡事故高发时段的天气情况。

（4）时刻注意地形的变化，特别注意坡向、坡度、坡位及三面环山、鞍状山谷、狭窄草塘、窄谷和可燃物载量大的阳坡等地带。

（5）一旦陷入危险环境，要保持清醒头脑，积极设法采取自救手段。

（6）遵守火场纪律，服从指挥，不擅自行动。

（三）紧急避险的基本要求

1. 重在防范，不麻痹

有效避开危险环境，就要做到时时警惕，处处防范，决不能有丝毫麻痹和大意。在灭火行动中，对主要方向和危险地段要指派指挥能力强、实战经验丰富的指挥员统一指挥，并选择相应的制高点派出观察员随时监视火行为变化，做到情况明、决策准、行动快，杜绝因指挥失误造成人员伤亡。各级指挥员应深入一线靠前指挥，做到亲自勘察火场、亲自作战指挥。突破火线时，一线指挥员要对地形、风力、风向、林相、可燃物载量、火情等情况进行准确判断，坚持从火势发展与灭火行动两个动态因素入手，适时对林火发展态势加以科学地分析和预测，选择分队撤离路线和避险地域，确保进能攻、退能守。

2. 冷静判断，不慌乱

准确判断林火行为变化可能对人员造成的伤害，在危险形势面前严密组织，防止出现混乱现象。这就要求指挥员和灭火人员要有良好的心理素质和承受能力，同时要具有一定组织指挥能力和安全避险经验。

3. 沉着指挥，不盲动

不盲目采取行动，准确把握避险时机，科学指挥避险行动。重点把握好“八个要素”：天候是主宰，风力是关键，地形是依据，植被是条件，隐患要注意，避险有退路，通信要畅通，指挥要果断。

4. 果断处置，不蛮干

无论是指挥员还是灭火队员在遭遇突如其来的险情时，要做到遇险不慌、处变不惊，处置情况要果断，不能犹豫不决、举棋不定。在较短时间内，迅速做出反应，采取最有效的避险办法，最大限度地减少险情带来的危害。

5. 团结协作，不违规

全体人员要通力合作、互相提醒、相互保护、相互鼓励，用集体的智慧和力量战胜困难，摆脱险境。切忌违反命令、单独行动和不按动作要领避险。

第三节　火场紧急避险常用方法

森林火灾发生后，火势由于受地形、植被、气象等因素的变化而瞬息万变，险情难以预料。面对突如其来的种种险情能否安全脱险，能否将人员伤亡降低到最低限度，关键在于能否科学合理地运用火场紧急避险方法。

一、间接避险法

（一）预设安全区避险

灭火人员进入具有一定安全隐患地段展开灭火行动，强行阻截林火蔓延时，应预先开设安全避险区域，确保在火势突变时，灭火人员能够安全避险。安全区域的开设通常选择在植被稀少、地势相对平坦、距火线较近且处于上风向的有利位置。坚持“宁大勿小”的原则。同时要彻底清除安全区域内可燃物，排除安全隐患，并派出观察哨密切观察火场动态。预设安全区避险如图 6－1 所示。

图 6－1　预设安全区避险示意图

（二）进入火烧迹地避险

灭火行动展开后，坚持沿着火线扑打。当风向突变，火强度增大，难以直接扑打或遭顺风火袭击时，应立即进入火烧迹地，并迅速组织人员清理火烧迹地内剩余可燃物，进一步扩大安全区域，并派出安全员或观察哨密切观察火情变化。

（三）利用有利地形避险

当林火威胁人身安全，火场附近有可利用的河流、湖泊、沼泽、耕地、沙石裸露地带、火前方下坡无植被或植被稀少地域等有利地形，且时间充足，应立即组织灭火人员快速转移至安全地带避险。避险时，一是尽可能选择相对湿润、无植被或植被稀少位置卧倒；二是不宜选择细小可燃物密集地域；三是携行的易燃装备应放置在距离人员较远的下风位置。利用有利地形避险如图 6－2 所示。

图 6－2　利用有利地形避险示意图

（四）点迎面火避险

在接近火线、开设隔离带、转移遭大火袭击或包围，来不及转移到安全地带时，若附近有道路、河流、农田、植被稀少的林地等自然依托，且具有一定准备时间，可迅速组织点烧迎面火实施避险。点烧时，应注意点烧速度、点烧面积。点烧速度不宜过慢，面积不宜过大。如果点烧速度过慢，点烧面积小，安全避险系数就低；点烧速度过快，容易失去控制，点烧面积大，易造成“点火自围”。点迎面火避险如图 6－3 所示。

（五）点顺风火避险

火场周围没有自然依托，或虽有依托，但不具备点烧迎面火的时间和距离时，应迅速点烧顺风火，并顺势进入火烧迹地内避险。点烧时，风力灭火机手跟进助燃，水枪手清理火烧迹地内较大的火星或倒木，灭火弹手集中灭火弹随时准备压制袭来的火头，确保在较短时间内烧出较大的避险区域，灭火人员进入火烧迹地避险。点顺风火避险如图 6－4 所示。

图6-3　点迎面火避险示意图

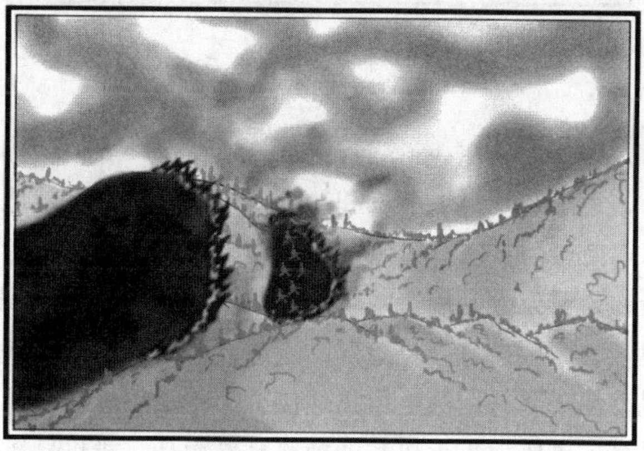

图6-4　点顺风火避险示意图

二、直接避险法

（一）强行打开缺口避险

在接近火线、开进途中或休息宿营，被大火突然袭击时，灭火人员无法实施转移、点火等解围，若装备数质量充足，分队整体作战能力强，可集中力量强行压制火势，打开缺口迅速进入火烧迹地内避险。在强攻时，要特别注意发挥灭火装备多弹、多机的组合效益，采取多梯次的办法实施强攻。

（二）冲越火线避险

在火势较强，依靠人力无法强行打开缺口突入火线避险时，穿戴好防护服、头盔、面罩、手套等装备，选择火势较弱、地形相对平坦的部位，以最快速度迎风强行冲越火线，进入火烧迹地避险。在扑救急进地表火等蔓延速度极快的林火，冲越火线避险时，要注意选准火线部位，若选择火墙过厚部位无疑“飞蛾扑火”，若选择植被密集部位必将陷入

“进退两难”的险境。因此，冲越火线时，要用湿毛巾捂住口鼻，将易燃易爆及笨重装备抛至安全距离，轻装快速冲越火线，进入火烧迹地避险。冲越火线部位的选择及冲越速度直接影响避险的成功率。冲越火线避险如图 6－5 所示。

图 6－5　冲越火线避险示意图

（三）卧倒避险

当情况特别紧急，无法实施点火解围和冲越火线避险时，可就地卧倒避险。非不得已的情况下，一般不采取此避险方法。卧倒避险时，一是要选择植被稀少、地形平坦的地带卧倒；二是如有遮蔽物，要充分利用遮蔽物阻挡火焰辐射，如无遮蔽物应迅速选择低洼、潮湿或易燃物少的地带，用手扒坑，将脸部贴近地面，尽量减少皮肤裸露；三是尽可能用携带的水把衣服浸湿蒙住头部，用湿毛巾捂住口鼻，将水喷洒在避险人员身体上和地被物上；四是卧倒时要尽量远离风力灭火机和油桶等易燃物品，或将易燃物资以距避险人员最大距离扔出；五是将双手放在胸前，沿火线侧风卧倒，适时采取滚进，降低伤害；六是地势比较开阔，避险人员要集中呈倒三角形排列，如选择地域面积小，可分散实施，必要时身体可以叠压。卧倒避险如图 6－6 所示。

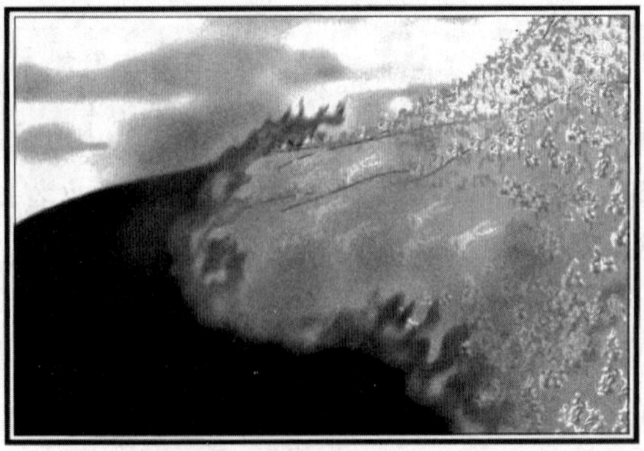

图 6－6　卧倒避险示意图

第四节　火场紧急险情处置

一、在平坦地形遇火袭击时

（一）特点

火势发展猛烈，烟雾扩散快，火灾面积大；风大时，火头前方易产生飞火；可燃物垂直分布时，火焰高，呈立体蔓延；火场整体变化小，便于人员行动。

（二）紧急避险方法

（1）选择向易燃可燃物较少的方向转移。

（2）来不及转移时，点火解围。

（3）选择火势较弱地段冲越火线。

（三）注意事项

周围树木较多，且是树冠火的情况下，不能点火解围；点火解围时，必须与火线拉开一定距离。

二、在山顶、山脊遇火袭击时

（一）特点

火接近山顶，易产生卷火；火到达山顶，在山脊易发展成树冠火；火越过山顶，向下坡蔓延时容易变成坐火；山顶、山脊热对流强烈，燃烧猛烈，热量集中。

（二）紧急避险方法

（1）向山的背风面或山后下坡方向转移，快速离开山顶、山脊。

（2）当火越过山顶形成下山火时，可冲越火线突围。

（三）注意事项

在没有把握的情况下，不能沿山脊转移；不能在山峰两侧的鞍部停留；在山的背风面停留时间不能过长；要考虑坡度对行动的影响。

三、在山沟口遇火袭击时

（一）特点

火冲到沟口时，易向沟口两侧蔓延形成卷火；火冲出沟口遇上坡时，会快速扩大燃烧面积；火在沟口易产生火旋风；火出沟口遇下坡时，易变成坐火。

（二）紧急避险方法

（1）向左后、右后方向快速转移。

（2）沟口前方是下坡时，向下坡方向撤离。

（3）选择向易燃可燃物最少的方向转移。

（三）注意事项

不能向沟口两侧高处攀登或停留；沟口前方是上坡时，不能向上坡撤离。

四、在山沟谷遇火袭击时

（一）特点

观察判断火情困难；易燃可燃物比较集中，易形成冲火；烟雾大，浓度高，扩散慢；人员向山谷两侧转移困难。

（二）紧急避险方法

（1）要充分利用沟谷内的河流避险。

（2）选择易燃可燃物少的地段冲越火线突围。

（3）无法转移时，就地点火解围。

（三）注意事项

不能盲目向沟谷两侧转移。

五、在单口山谷遇火袭击时

（一）特点

风向多变，火头发展方向不定，易形成上山火和涡旋火；烟雾大，浓度高，扩散慢；利于观察判断地形。

（二）紧急避险方法

（1）点上山火后进入火烧迹地。

（2）在时间允许的条件下，向火头蔓延的侧翼山脊方向转移后下山。

（3）根据风向变化，向侧风方向撤离避险。

（三）注意事项

点顺风火时，要选择易燃可燃物较多的地段；人员转移到山脊后，迅速向安全地带撤离。

六、在草塘沟遇火袭击时

（一）特点

火蔓延快、强度大、燃烧彻底，易形成火爆。

（二）紧急避险方法

（1）离开草塘，转移至安全区域避险。

（2）紧急情况下，先避开火头，再从火翼进入火烧迹地避险。

（3）利用草塘中河流、水沟等避险。

（4）点顺风火避险。

（三）注意事项

冲入火线时，要选择可燃物分布较少或火势较弱地段；点顺风火时，要选择易燃可燃物较多的地段；草塘面积小时，要快速撤出草塘。

七、在丘陵地遇火袭击时

（一）特点

风向多变，在短时间内易产生多个火头；山坳地带背风处是危险环境；火蔓延时快时慢，高处快，低处慢；火扩散范围广，人员转移困难。

（二）紧急避险方法

（1）利用下坡和凹地避开火锋，而后选择火弱地段突破火线进入火烧迹地或向安全地带转移。

（2）向侧风方向转移。

（3）向易燃物少的方向转移。

（4）注意选择火发展快的侧翼，斜向突破火线进入火烧迹地。

（三）注意事项

在背风处和山坳地带不能长时间停留，先避火锋，同时考虑下步撤离方向；向火头侧翼斜向突破火线时，必须观察好地形；发生树冠火时，不能突破火线进入火烧迹地。

八、在陡坡遇火袭击时

（一）特点

火向山上蔓延时速度极快，热辐射强度大；地势险要，人员行动不便；燃烧物易滚落，产生多个火点；地势陡峭，易发生滚石伤人。

（二）紧急避险方法

（1）沿火势较弱的一侧山腰转移。

（2）选择火势较弱地段，向山下冲入火烧迹地。

（3）在紧急情况下，尽可能利用可燃物少的空地或者突出的岩石避火。

（三）注意事项

组织人员向下坡冲越火线时，必须观察地形，防止摔伤和滚石砸伤。

九、在林草结合部遇火袭击时

（一）特点

林草结合部（过渡地带）易燃可燃物多，草木立体燃烧，火强度高，火势发展速度快；易形成小气候，火势变化大。

（二）紧急避险方法

（1）向火头两侧后方转移。

（2）向成林方向转移。

(3) 向侧风方向转移。

(三) 注意事项

应随时观察火势发展变化，在草和灌木混合地带不宜点火解围。

十、在针叶林内遇火袭击时

(一) 特点

针叶林内易发生树冠火；针叶幼林地，火势猛，发展速度快；树粗且密集地段，火势发展速度相对慢，火强度高；林木密集，不方便观察火情和展开行动。

(二) 紧急避险方法

(1) 向粗大树木多的方向转移。

(2) 向侧风方向转移。

(3) 发生树冠火时，尽量向阔叶林方向转移。

(4) 无法向火头两侧转移时，向侧后选择便于行进的方向撤离。

(三) 注意事项

不宜点火解围，不宜突破火线，不宜卧倒避险。

十一、在阔叶林内遇火袭击时

(一) 特点

烟雾在林内扩散较快，大树密集的地方火焰低，阔叶幼林地易形成树冠火，人员在林内行动相对方便。

(二) 紧急避险方法

(1) 向成林方向转移。

(2) 向火头两侧易燃可燃物少的地段转移。

(3) 在无法转移的情况下，可冲越火线突围。

(4) 条件允许时，可点火解围。

(5) 利用大树密集地段暂避火锋。

(三) 注意事项

点火解围时，注意选择易燃细小可燃物多的地段；火线突围时，注意选择易燃可燃物少、人员便于通过的地段；要注意预防烟雾中毒。

十二、在灌木林内遇火袭击时

(一) 特点

火强度高，热辐射强度大；人员行动不便，紧急避险难度大；灭火机具使用效能低。

(二) 紧急避险方法

(1) 向侧风方向转移。

（2）向植被稀疏的地段转移。

（3）选择人员便于通过的方向撤离。

（三）注意事项

不能点火解围，不能冲越火线，不能卧倒避险。

十三、在采伐迹地遇火袭击时

（一）特点

采伐迹地通风良好，采伐剩余物多，行动受限；地被物干燥，火势猛，发展快。

（二）紧急避险方法

（1）向左右成林的方向转移。

（2）向大树密集的方向转移。

（3）在采伐迹地周围已形成树冠火的情况下，向阔叶林方向转移。

（4）在有坡度的情况下，向下坡方向撤离。

（三）注意事项

向林内转移时，不能选择上坡，要避开通风口和易燃物集中区域。

十四、遇草原火袭击时

（一）特点

草原火发展速度特别快，避火锋的有利地形少，烟雾扩散的面积大，点火解围的有利条件多。

（二）紧急避险方法

（1）向易燃物少的方向转移。

（2）向侧风方向转移。

（3）来不及转移时，点火解围。

（4）选择火势较弱地段冲越火线。

（三）注意事项

冲越火线时，选择安全地带，集中风力灭火机突围；向火线突围时，要统一行动，防止人员分散。

十五、在林区居民点遇火袭击时

（一）特点

林区居民点周围多与林地相邻，阻隔火灾困难；居民点可燃物较多，易连片燃烧；居民点人员情况比较复杂，组织转移困难。

（二）紧急避险方法

（1）风大时首先向侧风方向转移。

（2）利用周围农田、河流、沙滩避险。

（3）条件允许时，组织乘车转移。

（三）注意事项

根据风向判断最先被火袭击的居民点区域，并提前采取措施；注意分析易燃物特别集中的地段，作为转移重点；掌握居民点人员情况，搞好分工，提高转移效率。

十六、车队开进中遇火袭击时

（一）可能出现的情况

道路狭窄，车辆调头难；路况不好，快速机动难；车队行驶，指挥调整难。

（二）紧急避险方法

（1）道路较宽时，车辆就地调头折返。

（2）道路较窄时，先倒车，后转移。

（3）时间不允许时，组织人员徒步原路撤离。

（4）情况特别紧急，人员无法撤离时，组织车辆快速冲越火线。

（三）注意事项

车辆调头时，要拉开车距；组织倒车时，随时观察路况；冲越火线时，要拉开车距，打开车灯，快速通过。

十七、接近火场遇火袭击时

（一）可能出现的情况

情况突然，不易判断火势蔓延方向；环境不熟，不易选择有利地形避险；人员慌乱，易造成指挥失控。

（二）紧急避险方法

（1）地形不熟时，按原路快速撤离。

（2）火蔓延方向明确时，向火尾方向撤离。

（3）利用地形避险时，先避火锋，再转移。

（三）注意事项

指挥员要果断决策，指挥坚决；不要盲目进入复杂地形区域；向火尾方向转移时，要掌握风向变化；选择有利地形暂避火锋时，宜选择下坡方向。

十八、机（索、滑）降后遇火袭击时

（一）可能出现的情况

情况不明，不易判断火势蔓延方向；地形不熟，不易选择有利条件避险；人员慌乱，易造成指挥失控。

（二）紧急避险方法

（1）向易燃可燃物少的方向快速转移。

（2）快速判明火势蔓延方向，向火头侧翼或火尾转移。

（3）情况紧急时，选择火势较弱的地段冲越火线。

（三）注意事项

指挥员要保持冷静，判明火情，集中人员，统一行动，利用各种有利条件避险。

十九、上山遇下山火袭击时

（一）特点

蔓延速度较慢；风向变化时，火势易向一侧快速蔓延。

（二）紧急避险方法

（1）一般情况下，选择火势较弱地段，冲越火线。

（2）火强度较大，人员无法接近火线时，选择可燃物少的地段待火势减弱时，向火线突围。

（3）可燃物密集，火强度高，无法突围时，要快速向下坡方向撤离。

（三）注意事项

在火势较弱时，要敢于接近，强行突破；形成树冠火时，严禁冲越火线，严禁顺风转移。

二十、下山遇上山火袭击时

（一）特点

上山火蔓延速度极快，坡度越陡，火发展速度越快；山坡部位热量和烟雾比较集中；灭火人员向后撤离较为困难。

（二）紧急避险方法

（1）组织人员快速向两侧转移。

（2）距离山顶较近时，快速越过，选择背坡、背风方向避险。

（3）选择易燃物少的地段冲越火线（迫不得已时采用）。

（三）注意事项

冲越火线时，要选择可燃物少的地段；向两侧或山顶转移时，要选择易通过的地段。

二十一、点迎面火解围被火袭击时

（一）可能出现的情况

火势突变，不易控制；烟雾较大，易造成观察和呼吸困难。

（二）紧急避险方法

（1）快速向火头两侧转移。

（2）快速后撤一段距离，点顺风火，进入火烧迹地。

（3）无法转移时，选择火势较弱地段，集中风力灭火机压制火锋，突破火线，进入火烧迹地。

（三）注意事项

转移时，严防烟尘中毒；点顺风火避险时，组织多人快速、同时点火；人员行动要迅速、统一，防止混乱。

二十二、开设隔离带遇火袭击时

（一）可能出现的情况

火接近快，准备不充分，易造成人员混乱；火情不明，指挥员判断难度大。

（二）紧急避险方法

（1）依托隔离带，向火头侧翼转移。

（2）沿隔离带内侧边缘点迎面火，加大隔离带宽度。

（3）情况紧急时，在隔离带外侧点顺风火，并沿顺风火蔓延方向移动避险，同时严防烟尘中毒。

（4）避开火头，突破火翼进入火烧迹地避险。

（三）注意事项

指挥员要保持冷静，正确判断火情，严密组织，确保安全避险。

二十三、夜间遇火袭击时

（一）可能出现的情况

不易观察地形及可燃物分布情况；不易掌握人员行动情况；不易判明火势变化、蔓延方向及烟雾浓度。

（二）紧急避险方法

（1）周围有道路时，沿道路快速撤离。

（2）向火光较弱方向转移。

（3）条件允许时，向山后背风处和下坡方向转移。

（4）向粗大可燃物集中的地域转移。

（三）注意事项

要利用照明器材指示目标及行动方向；人员集中、统一行动；沿下坡转移时，防止滚石伤人。

二十四、露营期间遇火袭击时

（一）可能出现的情况

事发突然，容易慌乱，不易判断风向和火头发展方向。

（二）紧急避险方法

（1）附近有高山时，向山的背风处转移。

（2）向易燃可燃物少的方向转移。

（3）利用河流、道路避险。

（三）注意事项

指挥员要严密组织，统一行动，随时判断风向和火头发展方向；来不及携带宿营物资时，暂时放在低洼处。

二十五、遇浓烟袭击时

（一）可能出现的情况

烟雾浓度特别大时，容易造成呼吸和快速行动困难，极易导致人员在短时间内中毒昏迷，解救困难。

（二）紧急避险方法

（1）组织人员向侧风方向转移，边转移边遮掩口鼻，从根本上摆脱烟雾侵袭。

（2）在已判明附近没有明火的情况下，注意向高处机动，先摆脱烟雾，再向安全地带转移。

（3）烟雾大，但明火弱，对人威胁不大时，向火头侧翼转移。

（三）注意事项

指挥员要注意判定风向，快速确定转移方向；人员要低姿行动，尽可能采取相应措施，减少烟雾侵袭；在摆脱烟雾侵袭的同时，要防止被火袭击。

二十六、遇急进地表火袭击时

（一）特点

火头向前推进速度特别快，两翼火线火强度相对较弱，火场易形成椭圆形。

（二）紧急避险方法

（1）向侧风方向转移。

（2）向火头两侧转移。

（3）选择有利地形（背风处）先避火锋后转移。

（4）选择易燃物多的地段，点火解围。

（5）选择火势较弱的地段，冲越火线。

（三）注意事项

指挥员组织指挥果断，人员行动要快；避开上坡、沟谷和易燃物垂直分布地段。

二十七、大风天气下遇火袭击时

（一）特点

火灾蔓延速度特别快，火势迅猛；火情变化大，地形复杂时易出现多个火头；易产生飞火、火爆、火旋风、对流柱等行为；在针叶林、幼林地时，易形成急进树冠火。

（二）紧急避险方法

（1）向侧风方向快速转移。

（2）注意避开草地和幼林地向成林方向转移。

（3）选择易燃物少的地段，可集中风力灭火机突破火线。

（4）遇草原火无法转移时，可实施点火解围。

（5）情况紧急时，可利用各种有利地形地物或防护器材，先避火头，再转移到安全地带。

（6）条件允许时，可向山的背风处转移。

（三）注意事项

要密切注意风向和火头、火翼、火尾的发展方向，特别注意观察周围的地形和易燃可燃物，点火解围时，要选择易燃物较少的地段。

二十八、扑救上山火两翼火线，风向突变遇火袭击时

（一）可能出现的情况

因风向突变，上山火主要向山的某一侧快速扩散，在火场侧翼火线投入灭火人员，易被火围困；由于灭火人员处在斜坡上，行动不便，撤离困难。

（二）紧急避险方法

（1）组织人员快速向下坡方向转移。

（2）向易燃可燃物少的方向转移。

（3）选择火势较弱的地段，突破火线向火烧迹地转移。

（三）注意事项

发生上山火时，人员不能向上坡移动；发生树冠火时，尽量不冲越火线进入火烧迹地。

思考题

1. 火场紧急避险的特点有哪些？
2. 火场紧急避险的原则有哪些？
3. 火场紧急避险的要求有哪些？
4. 常用间接避险方法有哪些？
5. 常用直接避险方法有哪些？
6. 简述四种常见火场紧急险情的避险方法。

第七章　火场紧急救护

火场紧急救护，是指在森林火灾扑救中，灭火人员根据人员受伤情况，针对不同部位的损伤及伤情特点，在专业医务人员尚未到场的情况下，对伤员进行及时、适当、有效的现场医疗处置，为进一步抢救伤员创造条件，赢得宝贵的时间，最大限度地挽救伤员的生命和减轻伤残。

第一节　烧伤的紧急处置

烧伤亦称灼伤，泛指由于热力、化学物质、电能、放射线等引起的皮肤黏膜甚至深部组织的损伤。在森林火灾中，热力是引起人体烧伤的主要原因，常见的有火焰烧伤和强辐射热灼伤等。

一、烧伤的判断

烧伤严重程度的判断，主要依据烧伤的面积、深度、部位、年龄、有无合并伤、伤前的体质强弱、有无内脏器质性疾患等因素综合判断。

（一）烧伤深度的识别

我国普遍采用“三度四分法”，即根据烧伤损伤皮肤的深度，将烧伤分为Ⅰ度、浅Ⅱ度、深Ⅱ度和Ⅲ度，其中深达肌肉、骨质者按Ⅲ度认定。临床应用将Ⅰ度和浅Ⅱ度称为“浅度烧伤”，将深Ⅱ度和Ⅲ度称为“深度烧伤”，如图 7－1 所示。

1. Ⅰ度烧伤

Ⅰ度烧伤又称红斑性烧伤，损伤仅累及表皮层，表现为局部皮肤轻度红肿、灼痛、感觉过敏、表皮干燥、无水疱，2～3 天可自然愈合，不留瘢痕。

2. Ⅱ度烧伤

Ⅱ度烧伤又称水疱性烧伤，当损伤累及表皮及真皮浅层时，称为浅Ⅱ度烧伤；当损伤累及真皮深层时，称为深Ⅱ度烧伤。浅Ⅱ度烧伤主要表现为局部皮肤红肿、剧痛，出现水疱或表皮与真皮分离，内含血浆样黄色液体，水疱去除后，创面鲜红、湿润、渗出多。如无感染等并发症，可自行愈合，不留瘢痕。深Ⅱ度烧伤主要表现为局部感觉神经损坏，疼痛感明显迟钝，水疱破裂或去除腐皮后，创面呈白中透红，并可见细小的栓塞血管网，水肿明显，但疼痛减退，愈后留有色素及瘢痕。

3. Ⅲ度烧伤

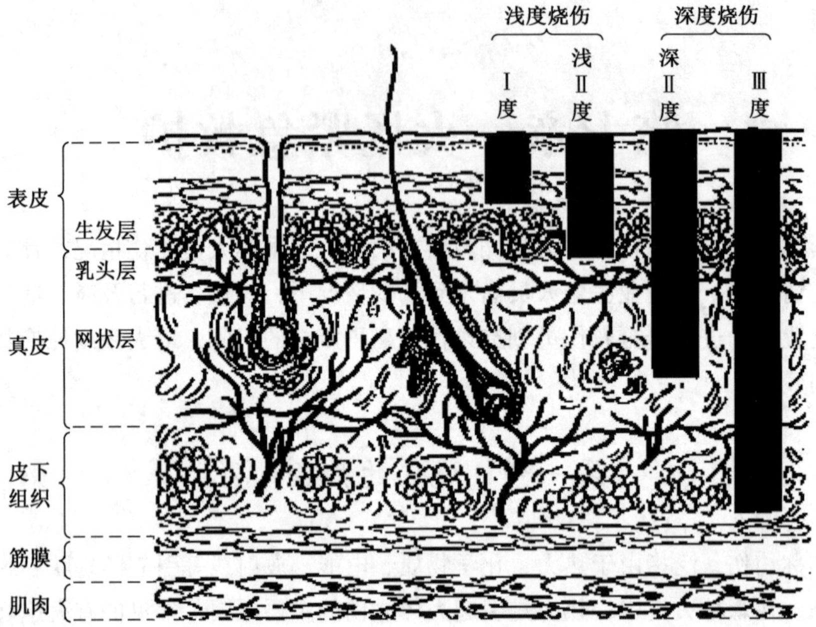

图7-1 皮肤烧伤深度示意图

Ⅲ度烧伤也称焦痂性烧伤，损伤累及皮肤全层及皮下组织，甚至肌肉、骨骼等。烧伤部位不起水疱，呈皮革状，创面焦黄或炭化。因大部分神经末梢损坏，疼痛程度反而不如Ⅱ度烧伤重。愈后留有瘢痕或畸形，需植皮。

（二）烧伤程度的分类

烧伤程度取决于烧伤面积、深度及特殊部位烧伤的情况；所谓特殊部位烧伤是指头、面、颈、手、足、会阴部烧伤，吸入性损伤及眼烧伤。烧伤面积越大、深度越深、特殊部位烧伤越深则烧伤程度越严重（表7-1）。另外，年龄对烧伤的伤情和预后的影响也非常明显，3岁以下的小孩和超过60岁的老年人，对创伤的耐受能力和代偿能力较差，因而死亡率明显高于青壮年。

表7-1 烧伤程度的分类表

严重程度	烧伤总面积/%	Ⅲ度烧伤面积/%	并发症
轻度烧伤	≤9	0	无
中度烧伤	10~29	≤9	无
重度烧伤	30~49	10~19	休克、呼吸道烧伤、中度较重复合伤
特重烧伤	≥50	≥20	有严重并发症

如果已有休克、合并伤、复合伤、重度吸入性损伤、特殊部位烧伤或合并中毒时可列入重度及以上的烧伤。另外，人们还习惯于将轻中度烧伤称为中小面积烧伤，重度及特重烧伤称为大面积烧伤或特大面积烧伤。

二、烧伤的现场处置

（一）脱离热源

脱离热源的常用方法：一是迅速脱去着火的衣服，特别是化纤衣服，以免衣服上的火继续作用，使烧伤创面加大、加深。若贴身衣服与伤口粘在一起，切勿强行撕脱，以免使伤口加重，可先用剪刀剪开，再慢慢脱除衣服。二是用水或其他灭火材料将火扑灭，或跳入附近水池、河沟内。三是就地打滚压灭火焰，不可用手扑打火焰，以防手部深度烧伤；不可奔跑，以防风助火势，越烧越旺；不可大声呼叫，以防吸入高热气流或烟气造成吸入性损伤。

（二）冷疗

烧伤后及时进行冷疗能防止热力继续作用于创面使其加深，并可减轻疼痛、减少渗出和水肿。对Ⅰ度和Ⅱ度的中小面积烧伤，可用冷清水局部冲洗肢体、浸泡伤处，头面部等特殊部位用冰水或冷水浸湿毛巾、纱布等敷于创面进行湿敷；对Ⅲ度烧伤和大面积烧伤则无此必要。冷疗时水温以伤者能够耐受为宜，一般为15～20 ℃，热天可在冷水中加冰块。寒冷季节进行冷疗时，需注意伤员的保暖和防冻。冷疗时间无明确限制，一般到冷疗后不再有剧痛为止需0.5～1 h。

（三）创面处理

现场清创环境一定要清洁，有条件的可设一间简易清创室，所用器械物品应消毒灭菌，清创人员应按要求穿戴防护用品。按照头部、四肢、前胸腹、背部、会阴部的顺序进行现场清创。清创方法如下：

（1）正常皮肤用纱布蘸取温度适宜的清水和消毒的肥皂水，将创面周围的正常皮肤洗净，皮肤污染严重时可加适量过氧化氢去污。

（2）创面污染较轻的，只需用纱布蘸取无菌生理盐水轻轻擦洗；创面上布满尘土、布屑、泥沙等时，应用生理盐水冲洗，然后用纱布擦洗。

（3）创面污染较深的小碎石（燃烧爆炸后嵌入创面），可待伤员入院后清除。

（4）创面染有油污和难以清除的物质（如沥青、汽油、机油等）时，可用0.5%的碘伏纱布擦洗，对污染较重的创面，应尽量清除污染物。

（5）表皮上如有大小形态不同的水疱，未破溃的小水疱不需处理，大水疱仅作低位剪破引流，并保留疱皮的完整性，起到保护创面的作用。

（四）保护创面

保护创面多采用包扎疗法。使用无菌敷料包扎，纱布厚6～10层，对局部创面起保护、防干燥、免污染、促进引流、保暖和益于上皮细胞生长的作用，也便于伤员的搬运与转送，主要适用于躯干和四肢烧伤。其具体要求是：纱垫和棉垫应平铺，超越创围 5 cm，绷带自肢体远端起用，略施压力，不可过紧，应均匀包扎。关节处理应注意保护功能位，并抬高伤肢。对于手足烧伤，包扎时应将手指（或脚趾）分开，以防粘连对于不宜包扎的部位（如头、颈和会阴）可采用暴露疗法，即在按清创顺序和清创方法处理完毕后，在创面涂抹成痂药、湿润烧伤膏等，将烧伤创面暴露于空气中，使之在干热条件下干燥结痂。

（五）预防休克

安慰和鼓励烧伤后创面疼痛难以忍受者，使其情绪稳定、勿惊恐、勿烦躁。当伤员出现剧痛时，可使用哌替啶或其他止痛药。严重口渴者可口服少量盐水或淡盐茶，现场条件许可时，可服用烧伤饮料。遇有大面积烧伤伤员或严重烧伤性休克者，当现场条件许可时，应立即施行氧气吸入，尽快建立静脉通道，快速、有效地对其进行补液，使其及早纠正休克，同时应尽快将其转送至有救治条件的医院进行治疗。

第二节　一氧化碳中毒的紧急处置

一氧化碳无色、无臭、无味，比重 0.967，几乎不溶于水，在空气中含量超过 12.5% 时有爆炸危险。在森林火灾扑救过程中，当植被燃烧不充分，就会产生大量的一氧化碳，易造成灭火人员中毒。

一、一氧化碳中毒的判断

在一般情况下，一氧化碳中毒的程度取决于血中碳氧血红蛋白（HbCO）的含量，含量愈多，缺氧愈严重，而血中 HbCO 的含量又与空气中 CO 的浓度及吸入时间紧密相关。血中 HbCO 浓度与症状对应表见表 7－2。

表 7－2　血中 HbCO 浓度与症状对应表

血中 HbCO 浓度/%	临　床　表　现
0～10	无症状
10～20	前额部紧束感，轻度头痛，皮肤血管扩张
20～30	头痛，侧头部有搏动感
30～40	剧烈头痛、眩晕或疲劳，口唇、皮肤、黏膜呈特征性樱红色
40～50	除同上症状外，虚脱、神志不清，脉搏、呼吸增快
50～60	脉搏、呼吸增快，昏迷，陈－施氏呼吸，间歇性抽搐
60～70	虚脱、间歇性抽搐，心脏呼吸抑制，直至死亡
70～80	脉搏细弱，呼吸抑制，呼吸衰竭死亡

（一）轻度中毒

患者有头重感、头痛、眩晕、乏力、恶心、呕吐、心悸，甚至有短暂的晕厥，若能及时脱离中毒现场，吸新鲜空气后，症状可迅速缓解。

（二）中度中毒

除上述症状加重外，患者出现面部潮红、口唇呈樱桃红色、脉搏增快、多汗、烦躁等症状和特征，有的出现昏迷，但昏迷时间不长，经积极治疗，无明显并发症及严重后遗症。

（三）重度中毒

重度中毒常因短时间吸入高浓度一氧化碳所致。患者迅速出现昏迷、痉挛、呼吸困难及呼吸停止等症状，所谓“闪电样中毒”。此外，可并发水、电解质及酸碱失衡，以及氮质血症、心律失常、肺炎、肺水肿等。少数严重患者清醒后，可有遗忘症，一般可好转痊愈。其中少数患者，神志恢复后数天、数周可再出现一系列神经系统严重损害的表现，称为一氧化碳中毒的神经系统后遗症，其主要有以下 4 种表现。

（1）急性痴呆性木僵型精神障碍。一般清醒期后，突然定向力丧失，记忆力障碍，语无伦次、狂喊乱叫、出现幻觉，数天后逐渐加重，出现痴呆木僵。

（2）神经症状。出现癫痫、失语、肢体瘫痪、感觉障碍、皮质性失明、偏盲、惊厥、再度昏迷等，大多为大脑损害所致，甚至可出现去大脑皮质综合征。

（3）震颤麻痹。因一氧化碳中毒易发生基底神经节损害，尤其是苍白球，临床上常出现锥体外系损害，逐渐出现表情淡漠、四肢肌张力增高、静止性震颤等症状。

（4）周围神经炎。在中毒后数天可发生皮肤感觉障碍、水肿等，有时发生球后视神经炎或其他颅神经麻痹。

二、一氧化碳中毒的现场处置

（1）使患者尽快脱离现场，转移至空气流通处，解开患者衣领、腰带，注意保暖。

（2）对神志不清者应将头部偏向一侧，以防呕吐物吸入呼吸道引起窒息。

（3）对一氧化碳中毒患者要加强现场抢救，心搏、呼吸骤停患者应立即进行心肺复苏（简称 CPR）。严重中毒者应送往有高压氧舱设备的医院进行治疗。

（4）昏迷病员伴有高热和抽搐时，应给予头部降温为主的冬眠疗法。

第三节　动物咬伤的紧急处置

一、蛇咬伤的紧急处置

毒蛇是令人恐惧的，但蛇一般不主动攻击人。蛇的听觉和视觉较差，但感觉灵敏，对栖息处的地面或树枝的振动极为敏感，一遇响动便会逃之夭夭。但是人如果不注意而未发现它，或无意踩及、触及它，毒蛇便会冲出来咬人。因此，在毒蛇出没的地区行动时，应随时注意，以减少被咬的可能性。

（一）蛇咬伤的判断

1. 蛇形

毒蛇的头多呈现三角形，口腔内有一对毒牙，身上有彩色花纹，尾短而细；无毒蛇蛇头呈椭圆形，口腔内无毒牙，身上色彩单调，尾细而长，如图 7－2 所示。

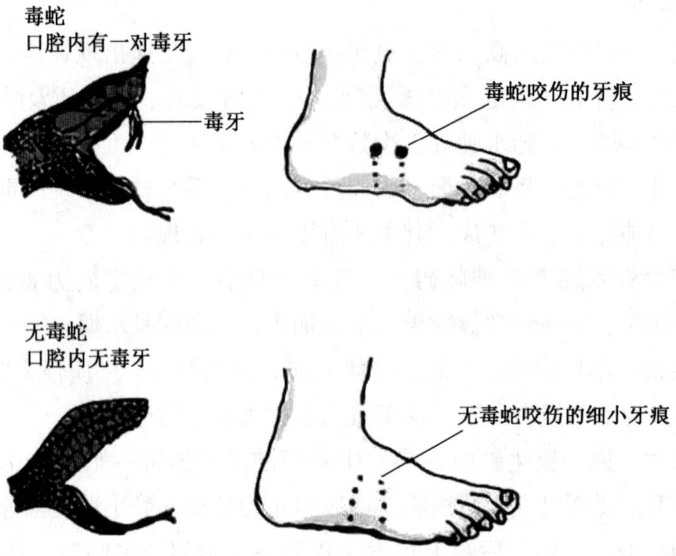

图 7－2　有毒蛇与无毒蛇咬伤对比示意图

2. 伤口

毒蛇咬伤的伤口表皮常有一对大而深的牙痕，或两列小牙痕上方有一对大牙痕，有的大牙痕里甚至留有断牙；无毒蛇咬伤则无牙痕，或有两列对称的细小牙痕。如果蛇咬伤发生在夜间，无法看清蛇形，从伤口上也无法分辨是否为毒蛇所伤时，注意不可等待伤口情况发生变化再进行判断，应及早送医院检查治疗。

（1）局部表现：局部伤处疼痛，肿胀蔓延迅速，淋巴结肿大，皮肤出现血疱、瘀斑，甚至局部组织坏死。

（2）全身表现：全身虚弱、口周感觉异常、肌肉震颤，发热、恶寒、烦躁不安、头晕目眩、言语不清、恶心呕吐、吞咽困难、肢体软瘫、腱反射消失、呼吸抑制，最后导致循环呼吸衰竭。部分患者伤后可因广泛的毛细血管渗漏引起肺水肿、低血压、心律失常；皮肤黏膜及伤口出血、血尿、尿少，出现肾功能不全及多器官功能衰竭。我国 10 种主要毒蛇咬伤的症状表现见表 7－3。

表7-3　我国10种主要毒蛇咬伤的症状表现对应表

毒蛇种类	局部表现	吸收后表现
银环蛇	仅有轻度麻木感	在1~2 h内出现症状，全身疼痛，失声，吞咽障碍，眼睑下垂，视物模糊，呼吸困难，重者瘫痪、窒息
金环蛇	不痛或微痛，轻度红肿	大致同银环蛇，但起病与发展均较慢，全身疼痛更剧、阵发性
海蛇	仅有麻木感	伤后3~5 h出现眼睑下垂、复视、吞咽困难
竹叶青	灼痛、肿胀明显、有水血疱	出现快，来势凶，出血倾向明显，血压下降，可有急性循环衰竭
五步蛇	剧痛、肿胀、水肿、水泡、流血	全身出现畏寒、发热、胸闷、烦躁不安、气短，头晕、恶心、呕吐等，严重会引起呼吸困难、昏迷等
蝰蛇	剧痛、出血多、肿胀迅速扩大、水血疱、瘀斑、溃烂	大致同五步蛇咬伤，可有溶血表现
烙铁头	肿胀、剧痛、水血疱	似竹叶青咬伤，但较重，有出血、嗜睡、可发生急性循环衰竭
蝮蛇	刺痛及麻木感、肿胀明显，伤口出血不多有瘀斑、水血疱	伤后1~6 h眼睑下垂、复视，重者吞咽困难、心律失常、尿少、尿闭、休克
眼镜蛇	红肿重、伤口中心麻木感，坏死呈黑色，可有水血疱	伤后2~6 h出现高热、咽痛，吞咽及发音困难，呼吸困难，重者24 h内发生呼吸、循环衰竭
眼镜王蛇	同眼镜蛇，血疱少见	基本同眼镜蛇，但发病急且重，重者伤后半小时出现症状

（二）蛇咬伤的现场处置

1. 预防措施

（1）注意自己的脚步，蛇类平均每周进食1次，每当进食之后或蜕皮之时，它们行动迟缓，更容易被踏中。

（2）在伐除灌木、采摘野果前要小心观察，一些蛇类经常栖于树木之上。

（3）不要挑逗或提起蛇类或者将它们逼入困境，一些蛇类在走投无路或保卫自己的巢穴时攻击性大增。

（4）翻转石块或圆木以及掘坑挖洞时使用木棒，不可徒手。

（5）穿上结实的皮靴，许多毒蛇的毒牙很小不能穿透皮靴。

（6）在使用床单、衣服、包裹前要小心查看一遍，蛇类很可能就躲在下面。

（7）如果与毒蛇不期而遇，保持镇定安静，不要突然移动，不要向其发起攻击。许多情况下，毒蛇只想着如何逃命。

（8）野外露营时，在住地周围适当撒一些六氯环已烷（别名六六六）或石灰粉，以防毒蛇侵入；睡前检查床铺，压好蚊帐，早晨起来检查鞋子。

2. 急救措施

1）阻止毒液吸收

被咬伤后，蛇毒在3~5 min内就迅速进入体内，应尽早地采取有效措施，防止毒液的吸收。

（1）保持冷静。被毒蛇咬伤后，千万不可以惊慌、大声惊呼、乱跑奔走求救，这样会加速毒液吸收和扩散。尽可能辨识毒蛇有何特征。不可食用酒、浓茶、咖啡等兴奋性饮料，因为兴奋性饮料会加速毒液吸收和扩散。

（2）立即绑扎。用止血带或橡皮带扎于患者伤口近心端上 5 ~ 10 cm 处，如无止血带可用毛巾、手帕或撕下的布条代替。绑扎时不可太紧，也不可太松，应可通过一指，以能阻断淋巴和静脉回流为宜，减少毒液吸收和扩散。缚扎后，一般每间隔 1 h 放松一次（每次放松 2 ~ 3 min）。也可视实际状况而定，如果伤处肿胀迅速扩大，要检查是否绑得太紧，应缩短绑扎放松的间隔时间，以免引起组织坏死。

（3）局部冷敷。在绑扎的同时用冰块敷于伤肢，使血管及淋巴管收缩，减慢蛇毒的吸收，降低毒素中酶的活性。也可将伤肢或伤指浸入 4 ~ 7 ℃的冷水中，3 ~ 4 h 后改用冰袋冷敷，持续 24 ~ 36 h 即可，但局部降温的同时要注意全身的保暖。

（4）烧灼。被蛇咬伤后立即用 5 ~ 7 根火柴头烧灼伤口，以破坏局部蛇毒。

（5）伤肢制动。受伤后走动要缓慢，不能奔跑，以减少毒素的吸收，最好是将伤肢临时制动后放于低位，送往医疗站。必要时可给适量的镇静剂，使病人保持安静。

2）促进蛇毒的排出及破坏

（1）切开伤口，排除毒液。救援人员应尽量避免直接以口吸出毒液，如口腔内有伤口可能引起中毒。可用针刺或拔罐方法，吸出伤口内蛇毒，但对于血液毒素类毒蛇（眼镜蛇、五步蛇、竹叶青、蝰蛇等），不宜采用针刺或拔罐的方法，以免伤口血流不止。如伤口周围肿胀过甚，可在肿胀处下端每隔 3 ~ 6 cm 处，用消毒钝头粗针平刺直入 2 cm；如手足部肿胀，上肢者穿刺八邪穴（四个指头指缝之间），下肢者穿刺八风穴（四个足趾趾缝之间），以排除毒液，加速退肿，针刺排毒。

（2）伤口较深并有污染者，应彻底清创。消毒后应以牙痕为中心，将伤口按照“＋”或“＋＋”形切开，使残存的蛇毒便于流出，但切口不宜过深，以免伤及血管。咬伤的部位在手或足部时，也可用三棱针或刀尖在八邪穴或八风穴，向近侧皮下刺入 1 cm 后，由近向远轻轻按摩，加速蛇毒的排出。伤口扩大后，还可用各种药物作局部的湿敷或冲洗，以达到破坏或中和蛇毒的目的。常用的外敷药有 30% 盐水或明矾水，用于伤口冲洗的外用药有 1∶5000 的高锰酸钾溶液及 5% ~10% 的盐水，绝对禁止用酒精消毒。

3）药物治疗

毒蛇咬伤后，应分秒必争地将患者送至有抗毒蛇血清的医疗单位接受救治。尽早服用蛇药片（如南通蛇药、上海蛇药等）或将蛇药片用清水溶成糊状涂在伤口四周。另外，若引发中风应积极治疗，必要时进行人工呼吸维持。

二、蜱咬伤的紧急处置

蜱，俗称壁虱、草爬子、狗豆子，属蛛形纲，蜱螨目，分布广泛、种类繁多，分硬蜱和软蜱，通常喜欢蛰伏在墙壁、石缝、草地、树林及动物巢穴处。蜱虫叮咬全年均可发生，但每年的4—9月是蜱虫活跃期。蜱的嗅觉极为敏感，能在几米之外嗅到宿主的气味，爬到1 m高的树叶或草尖上等候觅食，当人和动物经过时，突然跳到人和动物的身上，伺机吸血。

蜱虫喜欢叮咬人类皮肤较薄的部位，如头皮、耳后、腋下、腹股沟、脚踝下方、脚趾间等部位。蜱虫口器复杂，长着一些“倒刺”，可牢牢埋在人体皮肤中吸血，难以直接取下，吸血时间可以长达数天。不吸血时，蜱虫个头如芝麻粒大小，附着在人体或动物皮肤表面，宛如一个“小黑痣”；吸血后，虫体可增大数十倍甚至百倍，如图7－3所示。

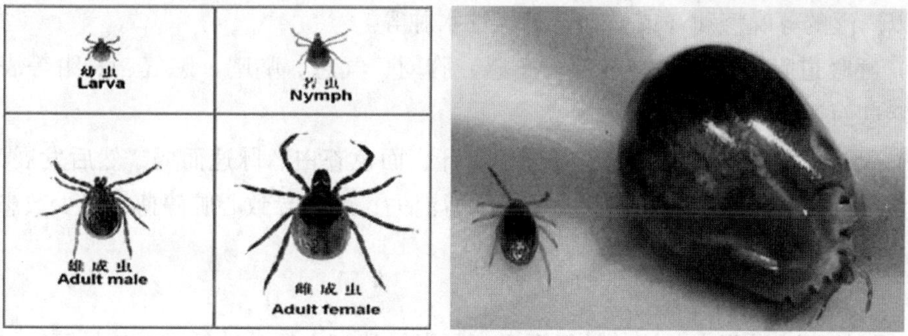

图7－3 蜱虫

（一）发病机制

1. 局部损伤和继发感染

蜱通过口器刺穿皮肤和血管壁而吸食人血，这种物理损伤通常导致局部伤口瘙痒、红肿、疼痛、出血，严重者可引起局部感染，出现皮肤溃破、组织炎症等。

2. 神经毒素作用

某些硬蜱唾液分泌神经毒素，通过竞争乙酰胆碱受体，阻断宿主神经肌肉接头处乙酰胆碱递质的释放，导致宿主运动性纤维的传导障碍，引起上行性肌肉麻痹，出现瘫痪，严重者可导致呼吸衰竭而死亡。只有在雌性蜱已附着于人体并开始摄食后，才会发生蜱瘫痪的症状。一般在蜱摄食4~7日后，才会出现蜱瘫痪症状。

3. 过敏反应

蜱叮咬人体时，其唾液中的α－半乳糖进入血液，被人体免疫系统识别而产生抗α－半乳糖IgE抗体，并与肥大细胞、嗜酸性粒细胞上的高亲和力IgE受体结合。此后，人食用红肉后，红肉中含有脂肪微粒包裹的α－半乳糖，待脂肪微粒消化后暴露的α－半乳糖激活肥大细胞、嗜酸性粒细胞上的IgE受体复合物，从而引发稍延迟的I型过敏反应。

4. 传播病原体

蜱可以传播蜱传脑炎病毒（我国称森林脑炎病毒）、新疆出血热病毒、发热伴血小板减少综合征病毒、伊朗包柔氏螺旋体、拉氏包柔氏螺旋体、伯氏包柔氏螺旋体、贝氏立克次体、西伯利亚立克次体、嗜吞噬细胞无形体、鼠疫杆菌、布氏杆菌、兔热杆菌等，导致人体发生相应的感染性疾病。

（二）临床表现

1. 局部症状

当蜱和人体皮肤接触后，蜱的假头以机械损伤方式插入皮肤，形似黑色的痣。伤口部位常明显红肿，也会有少量血液流出。用手触摸伤口局部皮肤有坚硬感。

2. 过敏反应

（1）皮肤黏膜表现：过敏性休克往往是最早且最常出现的征兆，包括皮肤潮红、瘙痒，继以广泛的荨麻疹和（或）血管神经性水肿等。

（2）呼吸道阻塞症状：有喉部堵塞感、胸闷、气急、喘鸣、憋气、发绀等表现，甚至可因窒息而死亡。

（3）循环衰竭表现：患者先有心悸、出汗、面色苍白、脉速而弱，然后发展为肢冷、发绀、血压迅速下降，乃至测不到血压，脉搏消失，最终导致心脏停搏，极少数患者可发生急性心肌梗死。

3. 蜱瘫痪症

有些硬蜱叮咬过程中分泌的神经毒素，可以导致宿主运动性纤维的传导障碍，患者最初出现厌食、嗜睡、失声，随即出现共济失调、上行性弛缓性瘫痪、过度流涎、眼球震颤、瞳孔不对称以及呕吐，通常死于呼吸衰竭，称为蜱瘫痪。此症状多见于儿童，如能及时发现，将蜱除去，症状即可消除。

4. 红肉过敏症

一般在进食后 3 ~ 6 h 发病，起病急，通常引起呕吐、腹泻等症状，严重时出现荨麻疹、血管性水肿、呼吸窘迫、血压下降等，更严重者出现过敏性休克。

5. 感染性疾病

人被携带病原体的蜱咬伤后可能引发多种感染性疾病，如森林脑炎、发热伴血小板减少综合征、莱姆病、Q 热、蜱传斑疹伤寒等，并出现相应临床表现。

（三）预防措施

（1）避免在蜱虫栖息地停留、坐卧，如森林、草丛、灌木丛等。

（2）如去郊外草地、森林等地区，最好穿浅色的长裤和长袖，并把裤腿塞进袜口，佩戴帽子等，尽量减少裸露部位。

（3）在暴露的皮肤上使用含避蚊胺（DEET）的驱虫喷雾剂。2 个月以下的婴儿不应使用任何驱蚊虫剂，可使用蚊帐物理遮挡。

（4）从郊外草地、森林等地区回来后，注意检查衣服和身体各部位，尤其是腋窝、腹股沟、头发、耳后等部位，以确保没有蜱虫附着。

（5）检查随行器材及宠物。

（四）紧急处置

（1）不可强行拔出虫体，以免撕伤皮肤及防止口器折断在皮肤内；更不要用手捏碎虫体。

（2）可用乙醚、氯仿、松节油等涂在蜱的头部或在蜱旁点燃蚊香，数分钟后蜱自行松口，或用凡士林、液体石蜡、甘油厚涂蜱的头部，使其窒息，然后用镊子轻轻把蜱拉出。

（3）建议使用细镊子尽可能靠近皮肤表面抓住蜱虫，平稳、均匀用力向上拉，不要旋转或搅动蜱虫。

（4）去除蜱后，伤口要进行消毒处理。检查虫体及叮咬部位，如发现蜱的口器断于皮肤内，需手术取出。

（5）出现以下情况需及时去医院就诊，以免错过最佳治疗时机：感觉蜱虫附着已超过 24 h；蜱虫未被完整拔除；被蜱虫叮咬后 30 天内出现如皮疹、发热、疲劳、头痛、肌肉酸痛、关节肿痛等症状。

思考题

1. 简述烧伤程度的分类。
2. 烧伤现场应如何处置？
3. 简述一氧化碳中毒的临床表现。
4. 一氧化碳中毒现场应如何处置？
5. 蛇咬伤现场应如何处置？
6. 蜱咬伤现场应如何处置？

第八章　迷山救援行动

迷山，就是指山地条件下灭火人员经过一定的时间无法从某一地域到达目的地，又不能返回出发地的情况。为保证灭火人员安全，顺利完成火灾扑救任务，应积极做好迷山自救及互救工作。

第一节　迷 山 自 救

迷山事故严重影响灭火任务的完成，不但会造成非战斗减员，也会极大的影响灭火人员的心理。为此，我们要切实预防迷山事故的发生。

一、原因与预防

（一）主要原因

1. 准备不充分

在野外行进时，事先应该做好充分准备。要了解清楚火场地域的基本地形、地物情况，要制定行进略图，对行进路线上大的方位物要基本掌握。如果从开始就没有确定路线而只是依赖地形及方位行进，那么很容易迷失方向。

2. 原有的参照物发生了变化

由于天气变化，比如雨、雪、雾、风或其他因素的影响找不到原选定的参照物，或参照物消失，致使行进中因找不到方位物而迷失方向，这种情况经常会出现。

3. 人的生理特点造成的迷山

在广阔平坦的沙漠、戈壁滩或茫茫的林海中行进时，因景致单一，缺乏定向的方位物，人们前进的方向一般不会是直线，通常要向右偏。这是因为一般人的左步较之右步稍大0.1～0.4 mm，因此在行进中不知不觉地就会转向右侧。步行者通常以3～5 km的直径走圆圈，即俗话说的“鬼打墙”。这种情况在地形生疏、无可靠方位物时经常发生。

（二）预防措施

1. 加强教育，严格纪律

灭火人员一定要加强业务学习，掌握山林知识。在灭火中要严守纪律，切实服从指挥员的指挥。

2. 加强管理，严格制度

凡在林区执行灭火、搜山、巡护等任务时，应保持成建制行动，按小组、分队、梯队和架次等形式编组，严禁单人行动。3 人以上同行，其中至少 1 人有野外行进的经验。在徒步执行灭火、搜山任务时，要在出发前定好行进线路和方向，行进过程中要随时校对方向，发现问题时应冷静考虑，然后再行动。夜间灭火后一定要将所有人员集中后才能返回驻地。出发前要检查电台、对讲机的状态和电池充电情况，带好地形图、指北针、GPS 定位器等，严防集体迷山。

3. 加强野外训练，熟悉辖区林情

日常训练中要经常有计划、有针对性地进行野外拉练使灭火人员熟悉野外行军的方法和步骤，能适应山里情况，妥善处理所遇到的问题。

4. 提高警惕，防止迷山

在执行灭火行动时，灭火人员必须提高警惕，避免因麻痹大意、过于自信而发生迷山事故。进入森林时，为避免迷失方向，应把当地的地形图研究清楚。特别要注意行进方向两侧可作为指向的线形地物，如河流、公路、山脉、长条形的湖泊等，注意其位置在行进路线的左方还是右方，是否与路线平行。这些地物可以帮助我们摆脱困境。

在野外集体执行任务时，要紧跟队伍。特别是夜间灭火时，不要离开大队伍。灭火返回时，大家要互相照顾不要落下人，灭火指挥员一定要清点人数，等人到齐后沿火线返回。严禁穿越火场直接走回驻地。

在特殊情况下，需单人执行任务时，一定要谨慎对待。出发前，根据需完成的任务，确定路线、时间并带足给养。行进中要牢记左右山形、地势和主要地貌；在穿越密林时，要用刀砍出通过标志或折断树枝做好标记。完成任务后一定要经原路按时返回，不能按时返回时一定要向直接领导报告情况。

缺乏经验或不熟悉道路的人，夜间穿行森林一般都会迷路，因此，没有特殊情况和任务时不要夜行。

二、自救措施

灭火人员在火场行进中稍有不慎就有迷山的危险。迷山后一定要冷静，不要悲观失望，坚强的意志是走出困境的首要条件。

（一）迷山初期自救

（1）当发觉迷失方向时，在火区内（火烧迹地）始终朝一个方向走，就会走到火线边缘，然后顺火线走就可以找到队伍或返回出发点。

（2）在森林里迷失方向时，要立即停止前进，沉着冷静思考解决办法。计算一下自己走出的时间和路程，是否相等，到高处看一下周围的山形，地势或火场的烟雾。然后，分析判断走的路线是否正确，如果正确，可继续前进；如果不正确，自己能否按原路返回。如能按原路返回，就要养足精神，立即返回；如不能按原路返回，要停下休息，再想新的出路。休息时要注意防寒、防雨和防野兽袭击，必要时可搭临时窝棚，要采集山产品充饥。

(3) 在没有把握返回营地时，不可乱闯、乱走，应在开阔地带点起篝火等待救援，同时采取下列方法：①白天要注意是否有飞机巡护或飞机盘旋找人，发现飞机时要在安全的地方点火报警，如点火来不及时，可利用小镜、金属等物品反射太阳光，照射飞机前舱，引起机组人员注意；②夜间在山顶点火报警，用火时要注意安全，不要跑火，同时注意向四周侦察，见到其他山顶有火光时，可能是寻人信号，这时应朝火光方向走；③妥善保管火种，防止受潮、损坏及丢失。

(二) 迷山后期自救

迷山后，三天找不到寻找队伍或寻找队伍尚未来到时，决不能心灰意冷，悲观失望，一定要有信心，顽强奋斗，保存生命，靠自己的智慧、胆量和力量寻找生路。

1. 利用太阳判别方向

(1) 晴天利用太阳判别法。地球 24 h 自转 360°，1 h 转 15°，由西向东旋转。因此，早晨太阳从东方升起，中午太阳位于正南，下午太阳位于正西，可以利用这一规律判别方向。

(2) 阴天立笔判别法。阴天可在地上平放一张白纸，可在白纸中心竖一支笔，光通过反射会在纸上形成阴影，阴影所对应的方向是此刻太阳所在的方向。

2. 利用树木特征判别方向

太阳的热能会在自然界中形成具有一定规律的不同特征，掌握和利用这些特征可以判别方向。

(1) 草本植物判别法。树干及大岩石等物体的南侧草本植物生长高而茂密；秋季山南坡的草枯萎早于北坡。

(2) 树皮判别法。通常，树的南侧树皮光滑，北侧粗糙。此现象在白桦树上体现得最为明显，白桦树南面的树皮较之北面的颜色淡，而且富有弹性。

(3) 树干判别法。夏季针叶树干南侧流出的树脂比北侧多，而且结块大；松树干上覆盖着的次生树皮，北面的较南面形成得早，向上发展较高，雨后树皮膨胀发黑时，这种现象更为突出。

(4) 树叶判别法。秋季果树朝南的一面枝叶茂密结果多，以苹果、红枣、柿子、山楂、荔枝、柑橘等最为明显；果实在成熟时，朝南的一面先染色。

(5) 树种类判别法。我国北方茂密的乔木林多生长在阴坡，而灌木林多生长在阳坡。这是由于阴坡土壤的水分蒸发慢，水土保持好，所以植被恢复比阳坡快，易形成森林。另就树木的习性来讲，冷杉、云杉等在北坡生长得好，而马尾松、华山松、杨树等就多生长于南坡。草原上的蒙古菊和野莴苣的叶子都是南北指向。

(6) 年轮判别法。在林内观察树的年轮，年轮疏的一面为正南，年轮密的一面为正北。

此外，树下和灌木附近的蚂蚁窝总是在树和灌木的南面；长在石头上的青苔性喜潮湿不耐阳光，因而青苔通常生长在石头的北面等等。

3. 利用雪融特征判别方向

（1）山体、土堆判别法。山体、土堆等凸起物体的南侧日照充足，积雪易融化。

（2）坑穴、沟壑判别法。坑穴、沟壑等凹陷地形的北侧日照充足，积雪易融化。

4. 利用天象判别方向

夜间通常利用北极星判定方向。寻找北极星，首先要找到大熊星座（即我们俗称的北斗星），因为它与北极星总是保持着一定的位置关系不停地旋转。当找到北斗星后，沿着勺边A、B两星的连线，向勺口方向延伸，约为A、B两星间隔的5倍处，有一颗较明亮的星，就是北极星。

在北纬40°以南的地区，北斗星常会转到地平线以下，特别是冬季的黄昏，常常看不到它。此时，应根据与北斗星相对的仙后星座寻找北极星，仙后星座由5颗与北斗星亮度差不多的星组成，形成“W”形。在“W”字缺口中间的前方，约为整个缺口宽度的两倍处，即可找到北极星，如图8－1所示。

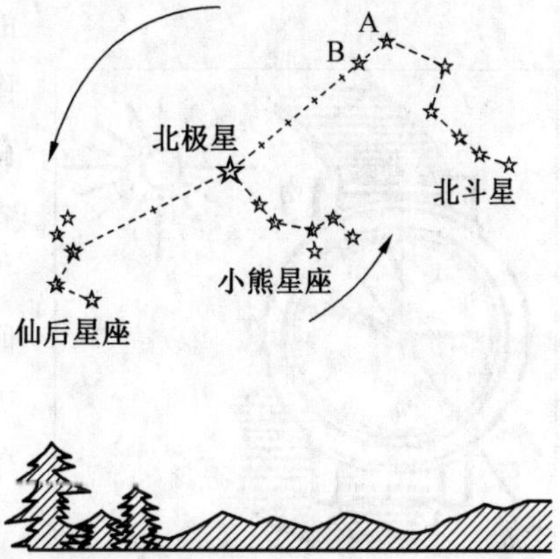

图8－1　依靠北斗星判别方向示意图

在北纬23°以南地区，上半年可利用南十字星座判定方向。南十字星座主要由四颗明亮的星组成，四颗星对角相连成为十字，沿A、B两星的连线向下延伸，约在两星距离的四倍半处即为正南方，如图8－2所示。

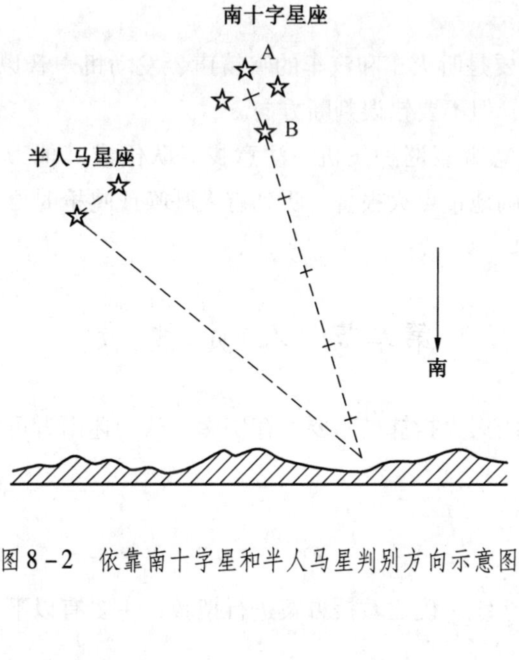

图8－2　依靠南十字星和半人马星判别方向示意图

利用自然界特征判定方位时，要特别注意对具体情况作具体分析，千万不要生搬硬套。在辨别方向时，务必注意多种方法综合运用，互相补充、验证。我国地域辽阔，各地区自然条件差异较大，在掌握共同规律的基础上，还要注意各地区的特殊规律，这样才可能得出正确的判断。

5. 利用手表判别方向

（1）时针指示法。在有太阳的情况下，将手表平置，然后将时针指向太阳所在方向，时针与12点刻度线夹角的平分线所指方向为南方，如图8－3所示。以此为起点，顺时针方向每隔十五分钟就是一个方向。使用这个方法辨向，春、夏、秋、冬各有变化，要注意纠正误差。

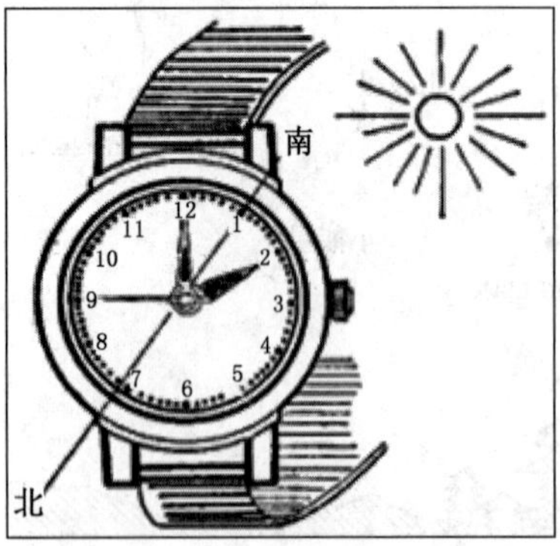

图8－3　依靠手表判别方向示意图

（2）时针折半法。以24小时为准，将当时的时间除以2，得出的商数对准太阳，12所指的方向为北方，可归纳为"时数折半对太阳，12所指是北方；上午计算按12，下午加倍定向同"。

6. 摆脱险境

（1）继续回忆来时方向，重点是横越过的铁路、公路和河流，方向判明后即可朝其行进。在人烟密集和交通发达的林区，按一个方向行进，就会遇到村、屯、林场、工段、公路和铁路等。

（2）如果在林内行进没有把握时，可沿河流行进。沿河而上，地势越来越高，河面越来越窄。顺河而下，地势越来越低，河面越来越宽。一般情况下，河流下游人烟较密集，是选择行进的方向。

（3）边走边听，主要是听火车和汽车的鸣笛声、发动机声音以及风力灭火机的声音，可以朝有声音的方向走，但不要错误判断方向。

（4）在行进中要注意观察巡护飞机，注意找寻队伍或其他人员在林内的活动声音。遇到飞机时，立即在开阔地带点火报警；听到有人呼唤或鸣枪时要立即做出反应，如不能回答，可点火报警。

第二节　人员搜救

发现有迷山者，各级灭火指挥员不要心存侥幸，认为迷山者可以自己回来，必须立即采取救援措施。

一、搜救步骤

通过及时建立救援组织，确立救援方案进行搜救，主要有以下几个步骤。

（一）仔细研究救援方案

通过分析迷山者的身体状况和心理承受能力，研究迷山者最后确切所在位置的山形，判断其活动的方向和范围，根据客观情况制定切实可行的方案。

（二）合理组织救援队伍

在组织搜救迷山者的队伍时，一定要根据山形地貌，合理安排，每组3人以上，且必须有一个向导或熟悉地形的人，并指定汇合地点。

（三）严密组织救援过程

营救迷山者，是一个紧急而又细致的过程。因此，在组织时既要强调时效性，又不能忙乱失措，应该尽可能周全地考虑到迷山者可能遇到的情况，在救援过程中妥善处置好，并与指挥部时刻保持联系。

二、救援方法

山岳救援常用的搜救方法主要有人工搜救法、犬搜救法、仪器搜救法和空中搜救法。

（一）人工搜救法

人工搜救法是指徒手或持简易工具（砍刀、铁锹、担架等），通过喊、听、看等手段，寻找迷山被困者的搜救方法。人工搜救法通常需要耗费大量的人力和时间，对于被困人员的位置和状况较为明确的情况下比较有效。

人工搜救实施前，搜救组长须根据现场的地形和搜救小组的人数确定队形，搜救时，由搜救组长统一发布命令，指挥搜救小组前进、停下、呼叫或保持安静，搜救小组通常按一定队形同步推进，每间隔5 s停下，同时大声呼叫“有人吗?”，或同时用简易工具连续敲击岩石，而后保持安静，仔细监听捕捉被困者回应的声音，如监听到疑似被困者的回应，则认真辨别声响位置，根据声响位置调整搜救方向、队形，进一步呼叫监听，从而逐渐缩小范围以确定被困者位置，在初步确定被困者位置后，在该被困者被困处附近的醒目位置上作标记，并同时将搜救区在图上注明；如未捕捉到回应，则搜救组长发出前进的命令，搜救组继续搜救，直至将任务区域搜救完毕。

人工搜救一般采用以下三种方法。

1. 一字形搜救法

该法主要用于开阔空间地形的搜救，队员呈一字形等距排开，从开阔区一边平行搜救通过整个开阔区至另一边，到开阔区的另一边后可以反方向搜救再回到出发的一边，达到反复搜救的目的。

2. 环形搜救法

该法主要用于已大致判断被困者所在区域要继续缩小范围精确定位时的搜救，队员沿搜救区域边缘呈圆形等距排开，进行向心搜救，直至将任务区搜救完毕。使用该法搜救时动用人数较多，以保证形成一个能围住搜救区域的完整圆弧，所以它通常被用于对重点区域重点部位进行搜救。

3. 弧形搜救法

当开阔区的一边存在结构不稳定的山岩、泥石流、滑坡地段时，通常采用这种搜救方法；当搜救小组人数有限，无法一次性形成一个环形围住搜救区域时，也可采用这种方法。它是多次使用多段弧形连接的方法，来起到与环形搜救相同的效果。队员沿着搜救区域的边缘呈弧形等距展开，等速搜救前进，从搜救区域边缘逐渐向弧所在圆的圆心点收缩，直至将任务区搜救完毕。

（二）犬搜救法

犬搜救法是指利用经过专门训练的犬只，在灾难现场、犯罪现场或其他需要搜救的场合，通过犬只的嗅觉、听觉等感官能力，辅助人类进行搜索、救援的一种技术手段；犬搜救通常在复杂的环境或夜间进行，可以大大提高搜救效率。

犬搜救前，首先组建专业团队，包括驯犬员、搜救队员、医疗人员等，确保搜救行动的专业性和高效性。进行犬搜救时，需要根据现场情况，制定详细的搜救计划，明确搜救目标、路线和人员分工。然后将搜救犬根据能力和特长分配到合适的岗位，充分利用其感官优势，确保搜救行动的高效性和安全性。

犬搜救法主要包括以下三种方法。

1. 血迹搜救法

当有人类或动物受伤流血时，可以利用犬的嗅觉能力进行血迹搜索。训练有素的搜救犬能够嗅出微弱的血腥味，并追踪到受伤者的位置。

2. 气味搜救法

在灾害现场，搜救犬可以通过嗅闻人体气味来寻找被困者。它们能够分辨出不同的人体气味，并追踪到目标的位置。

3. 区域搜救法

在广阔的迷山区域内，搜救犬可以通过巡逻、搜索和标记等方式，帮助搜救人员快速找到被困人员或目标。

（三）仪器搜救法

仪器搜救法是指利用精密电子搜救仪器来寻找被困者的搜救方法，通常用于精确定位幸存者。由于一支救援队所带的搜救仪器数量有限，因此仪器搜救通常在人工搜救或犬搜救认为可能有被困者，但无法确认，或者确认有被困者但无法精确定位时展开。

仪器搜救法主要有以下三种方法。

1. 蛇眼生命探测仪搜救法

蛇眼生命探测仪搜救法是指使用蛇眼生命探测仪对深山中的被困者进行搜救的方法，它是利用安装在探杆或软管上自带光源、小直径的视频、音频探头，伸入人员难以到达的悬崖、涵洞、岩石裂隙内部进行窥探，收集被困者的图像和声音信息供搜救人员进行分析。消防救援队伍目前装备的 WA－RW－SPL－P 型蛇眼探测仪为探杆式蛇眼探测仪。

利用蛇眼生命探测仪实施探测前，应先根据现场的位置和条件，选用长、短探杆或延长线与探头连接。当目标被埋压较浅时，可选用短杆连接；当目标被埋压较深时，可选用长杆连接；当目标处于垂直的竖井式空间时，可选用延长线连接，将探头悬垂到竖井中。

在存在自然孔洞或缝隙的地方，可直接将探测仪的探头伸入孔洞或缝隙进行搜救；在无自然孔洞或缝隙的地方，可以采用先凿孔，后伸入的方式进行。队员根据探杆和探头的方向及被困人员在显示器上的位置，确定被困人员的方位，根据被困人员在显示器上显示的图像大小，结合探杆或连接线的伸入长度，确定被困人员的距离。综合分析得到的图像，确定岩洞内部情况，并将信息提供给营救队员。

2. 雷达生命探测仪搜救法

雷达生命探测仪搜救法是指利用雷达生命探测仪发射和接收雷达波，通过提取反射雷达波上载有人体生命特征信号的信息，来搜救定位被困者的方法，其主要用于定位岩洞深处的被困者。消防救援队伍目前装备的 LTD－90B 型雷达生命探测仪可以捕捉一定深度岩洞下被困者的心跳、呼吸和身体蠕动等生命特征信号。

搜救实施时，应先将探测仪主机放置在合适的位置。考虑到雷达波穿透障碍物时电磁波会产生一定衰减，因此主机应尽量靠近探测目标并使雷达发射方向指向待搜救区域。在探测过程中，可根据现场环境和条件，将雷达探测器主机放置在不同位置进行探测：一是俯视探测，确定岩洞底部是否有被困人员时，可以选择将雷达主机放置在岩洞顶部，发射面朝下，实施搜救；二是侧面探测，当无法直接从岩洞顶部探测时，可以将雷达主机从侧面用支架立起，使主机发射面从侧面对准搜救区域；三是悬挂探测，受现场环境的限制，雷达主机工作的最佳探测角度上无安放点或救援人员无法接近该安放点，此时可以将雷达主机用吊钩悬挂起来，对岩洞进行各个方位的探测。

3. 红外生命探测仪搜救法

红外生命探测仪搜救法是指通过红外生命探测仪对物体表面温度差的甄别，来发现被困者的搜救方法，主要适用于烟雾和黑暗环境下的搜救。其通过捕捉高温物体表面产生的与周围环境不同的红外辐射波来搜救被困者。消防救援队伍目前装备的 LF－6 型红外生命探测仪，为被动式红外探测仪，主要是接收物体本身发出的红外线，由于红外线很难穿透阻隔它的固体介质障碍，所以该装备一般在空间开阔的林区搜救被困者时使用。

由于装备并非通过热成像显示目标，而是通过探测温度差变化发出声光警报，因此实施搜救时探测仪的探测头不能停留不动，需要不断扫动。进入现场时，首先应进行大扇面扫描，当扫过高温物体时，探测仪发出警报，表示该方向上存在与周围环境温度不同的物体，可能存在被困者；而后在发出警报的概略方向上进行小扇面扫描，如该方向确实存在高温物体，在扫描的过程中探测仪将持续报警，搜救队员应在该方向上减小探测头摆动幅度、逐渐缩小扫描扇面，报警最强烈的方向即为目标方向，以此定位受困者。

（四）空中搜救法

空中搜救法是指利用航空器在空中执行搜索及救援。空中搜救不受地面交通限制，可以快速覆盖大面积区域，寻找失踪或被困人员的踪迹，并为地面搜救提供情报和指导。

空中搜救前，首先需要确定搜救的目标和范围，包括失踪或受伤人员的可能位置、地形环境、气象条件等。而后根据搜救目标情况，制定详细的搜救计划，包括搜救路线、人员分工、装备使用、通讯联络等。实施搜救行动时，调动适合的救援力量和装备，包括直升机、无人机、搜救犬、救援人员等。同时，需要准备必要的救援物资和装备，如医疗用品、绳索、担架等。

空中搜救法主要有以下两种方法。

1. 直升机搜救法

利用直升机等航空器进行空中搜救，可以快速覆盖大面积区域，寻找失踪或受伤的人员。这种搜救方式在灾区、森林、山区等复杂地形中特别有效，能够快速到达难以抵达的地区。

2. 无人机搜救

使用无人机进行低空搜救，可以获取高清晰度图像，辅助地面搜救。无人机可以在复杂环境中进行精确搜索，如地震后的废墟、火灾现场等。此外，无人机还可以搭载不同的设备，如热成像仪、红外探测仪等，提高搜救效率和准确性。

三、注意事项

（1）搜救时除采用上述的搜救方法外，还可用在高山上点火、定时定点鸣枪等方法吸引迷山者。

（2）如果迷山者失踪地域有河时，可顺河寻找，重点放在河流弯道处和漂浮木较多的区域。在野兽经常出没的地方寻找时，搜救队伍必须结队前行细致搜救。如果发现有飞禽集聚的地方一定要详细盘查。

（3）经过一天以上的寻找，仍未找到迷山者时，为保证迷山人员的基本生存条件，搜救人员可采取在迷山者可能经过的地方留下衣服、食物、火柴，以及标识有指示方位和搜救情况措施的纸条等，协助迷山者脱困。一旦迷山者找到其中一个就可以依照这些物品的指示脱离困境。

（4）搜救时可使用石头、杂草或木棍等物作为标志信号。标志要放在既容易看见又安全的地方，不要放在别人易踩坏的地方。

（5）如果经过一段时间的寻找，仍不见失踪者的行踪，可请求飞机帮助进行空中搜救。

思考题

1. 迷山的原因及预防措施是什么？

2. 野外迷山如何判定方向?
3. 如何利用手表判别方向?
4. 人员搜救的方法有哪些?
5. 人员搜救有哪些注意事项?

第九章　装备使用安全

在扑救森林火灾中，常用的灭火装备有直升机、推土机、挖掘机、轮式和履带式森林消防车、森林消防水泵、风力灭火机、灭火器材、油锯和割灌机等，由于这些装备结构、工作原理及以汽油或柴油为燃料的特点，如不能正确掌握其特点规律和使用方法，极易发生人员伤亡事故。

第一节　重型装备使用安全

森林灭火行动中使用的重型装备主要包括直升机、推土机、挖掘机、轮式和履带式森林消防车等。

一、直升机使用安全

（一）机降灭火

机降灭火时主要抓好登（离）机、乘机、兵力部署等环节的安全工作。

1. 登机安全

登机时，系好帽带，从飞机左前方或侧方接近，按序登机。

2. 乘机安全

登机后，不得随意走动，不乱摸、乱动机舱内设备，不准吸烟。遇到特殊情况时，服从机组人员指挥。

3. 离机安全

离机时，在指挥员的指挥下，快速、有序离机。在距飞机左前方 20 ~ 30 m 处蹲姿集结。

登、离机时，不抢上、抢下，以防伤人及碰坏飞机，不靠近尾翼。在野外乘小型直升机时，应低姿接近和离开飞机。

坡地登离机时，要从低处接近飞机；离机时，向低处离去。

4. 机降场地要求

应当选择在地势平坦、坡度不超过 5°的开阔地带；原则上 K－32 型、M－171 型、直－8 型等中型直升机机降场开设面积不小于 60 m × 40 m，伐根不高于 10 cm；M－26 型直升机机降场开设面积不小于 100 m × 60 m；树高大于 25 m 时，开设面积应适当增加，清除机降场地附近的吊挂木。机降场地开辟后，应采取人工或机械方式清除机降场地可燃物。

5. 兵力部署要求

（1）机降场地附近有河流时，应在火场的一侧实施机降；附近有公路、铁路时，应在公路、铁路的外侧实施机降。

（2）对稳进地表火实施机降部署兵力时，通常情况下，距顺风火线一侧最近距离不得少于700 m，距侧风火线最近距离不得少于400 m，距逆风火线最近距离不得少于300 m。

（3）对急进地表火实施机降部署灭火队员时，通常情况下，距顺风火线一侧最近距离不得少于900 m，距侧风火线最近距离不得少于700 m，距逆风火线最近距离不得少于500 m。

（二）索降灭火

索降灭火是一项高危作业，在实施索降时要把握好各个环节的安全工作。

1. 索降前安全

索降人员必须经过索降专业训练，熟练掌握索降规程，熟悉索降设备器材的使用。指挥员必须对每名队员的索降器材进行安全检查，发现问题，立即停止作业，并采取相应的安全措施。实施索降时，索降人员应系好安全带，并时刻注意观察地面人员做出的手势信号，没有指令严禁队员靠近机舱门。

2. 索降安全

索上作业时，与飞机保持相对垂直，避免作业时因摆动过大发生事故。先降至地面的队员注意观察其他队员的索降过程，发现问题及时报告或做出正确的手势信号。

索降过程中，设备一旦出现故障，升高飞机高度，将吊挂悬人的高度超过树高 20 m以上，缓慢飞到附近能够进行机降的场地，将人安全降至地面，落地后迅速解脱索钩，向飞机的左前方撤离。飞机在吊挂悬人的情况下，严禁在两个场地间飞行及作业。

3. 索降场地要求

索降场地应选择在火场风向上方或侧方，避开林火对索降队员的威胁。索降时，能见度不小于10 km，风速不超过8 m/s，气温不高于30 ℃，林窗面积不小于10 m×10 m，坡度小于40°，且不得有影响索降的障碍物，严禁在悬崖峭壁上索降，严禁在站杆区内进行索降作业。

4. 兵力部署要求

对稳进地表火实施索降部署灭火队员时，通常情况下，距顺风火线一侧最近距离不得少于800 m，距侧风火线最近距离不得少于500 m，距逆风火线最近距离不得少于400 m。

对急进地表火实施索降部署兵力时，通常情况下，距顺风火线一侧最近距离不得少于1000 m，距侧风火线最近距离不得少于800 m，距逆风火线最近距离不得少于600 m。

5. 对指挥员的要求

（1）必须经过索降作业训练，熟练掌握索降规程。

（2）严格检查索降设备，发现问题，立即停止作业，并采取相应的安全措施。

（3）索降队员登机时，对每名队员的索降器材进行最后的安全检查。

（4）时刻注意观察索降队员做出的各种手势信号。

（5）实施索降作业时，系好安全带，确保自身安全。

6. 对索降队员的要求

（1）必须经过严格训练，熟练掌握索降程序和索降技术。

（2）服从指挥员的指挥，没有指令严禁靠近机舱门。

（3）先降至地面的队员注意观察其他队员的索降过程，发现问题及时报告或做出正确的手势信号。

（4）索降作业时，与飞机保持相对垂直，避免作业时因摆动过大发生事故。

（三）吊桶灭火

吊桶灭火时要把握好吊桶安装、取水、载水飞行、洒水等环节的安全工作。

1. 安装吊桶安全

（1）从机舱取出吊桶，人员的行动一定要在驾驶员方向左侧进行，因为右侧有垂直尾翼容易伤人。无论使用哪种机型，人员禁止靠近尾翼工作。

（2）将控制器索环挂在飞机吊钩上伸展钢丝绳时，钢丝绳一定要离开飞机起落架，与直升机轴线呈15°～20°摆直，以防飞机升起时挂住钢丝绳，如图9－1所示。

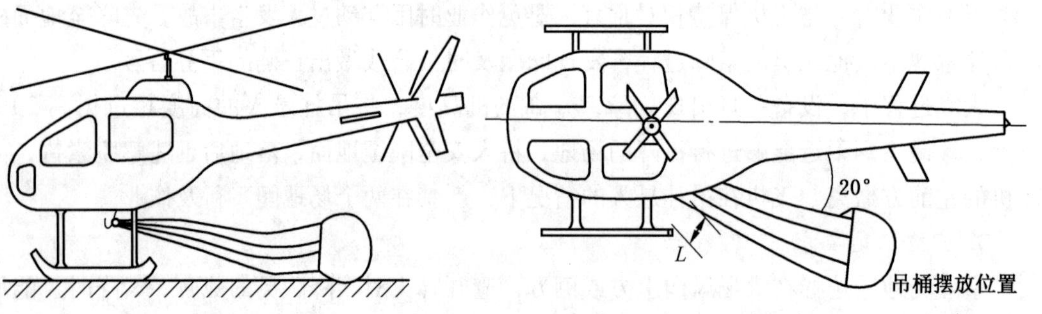

图9－1 吊桶摆放位置示意图

（3）直升机起飞时须向后移位垂直升起，禁止拖拉吊桶，吊桶离开地面10 m后再向前飞行。

2. 取水安全

（1）吊桶取水时，直升机应逆风进入水面上空。

（2）吊桶投入水后，直升机应与吊桶保持相对垂直，以便驾驶员观察吊桶取水状态，以防树枝挂桶。

（3）吊桶投入水后，直升机限降高度为4 m，防止控制器进入水中受损。

3. 载水飞行安全

（1）载水飞行时，飞行员要时刻观察吊桶飞行状态，预防桶体旋转，以确保直升机的重心平衡。

（2）尽量保持直升机匀速飞行，以避免水从吊桶中溅出或直升机失速。禁止在低于旋翼直径以下的高度上悬停，以免发生危险。

（3）在恶劣天气或低能见度的情况下，应避免进行载水飞行。

4. 喷洒安全

（1）吊桶直接喷洒扑救地表火、树冠火时，直升机应在距地面 30 m 以下空间或吊桶距树冠顶端约 4 ~5 m 处实施喷洒作业。

（2）直升机吊桶应逆风进入火场，避开浓烟。

（3）喷洒时，应尽量与地面人员通过无线电联系配合作业，并根据火场情况做条状、块状或点状喷洒。

5. 注意事项

（1）在风速大于 15 m/s 时，禁止直升机吊桶作业。

（2）直升机吊桶飞行时，空桶限速 80 km/h，载水飞行限速 150 km/h，喷洒时限速 100 km/h，转弯时限速 60 km/h。

（3）直升机吊桶飞行时尽量大转弯，升起和降落要平稳，防止吊桶大幅度摆动。

（4）直升机完成吊桶作业后，需摘掉吊桶时，应在平坦地域实施，摘掉桶体后，直升机另选场地降落，禁止拖拉桶体或直升机降落在桶体上，以免损伤桶体和飞机。

二、推土机和挖掘机使用安全

推土机和挖掘机主要用于开设隔离带，阻止林火继续蔓延，开设隔离带的路线应选择树龄较小的疏林地，如图 9 - 2 所示。

（一）危险情况

（1）开设隔离带时，大火突然向隔离带方向快速袭来。

（2）沿隔离带内侧点火加宽时，隔离带内侧可燃物没有及时清理或剩余可燃物载量大。

（3）在地处陡坡路段或沟谷开设隔离带时，大火突然向隔离带方向突袭而来。

（二）预防措施

（1）在使用推土机或挖掘机开设隔离带时，要先开设出安全避险区。当受到大火威胁时，将推土机或挖掘机迅速撤离到避险区内避险。

（2）在开设隔离带中，大火突然向隔离带方向快速袭来时，点火组要迅速沿隔离带内侧点放迎面火，以便保护隔离带内人员及机械设备的安全。

（3）开设隔离带时，一定要把所需清除的可燃物全部推到隔离带的外侧，防止点火后增加火强度，出现飞火，越过隔离带造成跑火。

图9－2　推土机开设隔离带示意图

（4）在开设隔离带时，一定要观察周围环境，清理四周的可燃物，在保证自身及机械的安全的前提下进行。

三、轮式和履带式森林消防车使用安全

轮式和履带式森林消防车是森林防灭火的排头兵，具有动力强、越野性能好等优势，再艰难的路况也能畅通无阻，在灭火行动中，可快速输送灭火人员、装备、给养，进行火线侦查，可以洒水灭火和碾压火线的方式直接灭火，最大限度地减少森林资源损失和保护人民生命财产安全。

（一）危险情况

（1）通过陡滑的坡地时。

（2）通过急流水域时。

（3）行驶在急转弯和盘山道路时。

（4）在地形复杂区域行进时。

（5）在冰雪路段行进时。

（二）预防措施

（1）沿山路，尤其是盘山路行驶时，应靠内侧行驶。在急转弯路段，若转不过向，应立即停车，然后指挥倒车，并修正方向。严禁高速急转弯，以防人员被甩下车辆。

（2）通过陡滑的坡地时，前车未通过时后车不得跟进。停车时，应选择坡度小、地面坚硬地带，不得在隘路、急转弯和可能崩陷的地点停车。

（3）通过危险地段时，副驾驶应下车指挥。夜间接近转弯地点时，应变换远近光。

（4）通过急流水域时，车辆应与河岸成锐角顺流通过，以减轻水对车辆的冲击力。

（5）使用森林消防车灭火时，车上灭火人员应避免刮伤和树倒伤人。

（6）碾压火线时，火焰高度不得超过 1 m，两条履带交替使用。

（7）禁止在不熟悉的地域高速行驶，以防坠崖。

（三）故障排查

轮式和履带式森林消防车在转速不稳和发动机过热时应从以下几个方面进行故障排查。

（1）冷却液。检查冷却液液面高度是否符合要求，冷却液是否充足。冷却液不足会导致发动机散热不良，从而引起过热。同时，还要检查冷却液是否清洁，如果冷却液中有锈皮或水垢过多，也会影响散热效果。

（2）风扇。检查风扇皮带松紧度是否适当，风扇叶片是否有损坏或变形。风扇是发动机散热的重要组件，如果风扇不正常工作，会导致发动机过热。

（3）节温器。检查节温器是否正常工作。节温器故障可能会导致冷却液循环不畅，从而引起发动机过热。

（4）机油。检查机油油位和机油质量。机油不足或质量差会导致发动机摩擦增大，产生过多热量。

（5）点火系统和供油系统。如果发动机有爆燃、回火、放炮等现象，应检查点火正时和供油系统。这些问题可能导致发动机工作不稳定，进而引起过热。

（6）散热器。检查散热器外部和内部清洁状况，确保散热器能够有效散热。

（7）发动机内部。如果以上检查都没有发现问题，可能需要进一步检查发动机内部是否有故障，如活塞、气缸、曲轴等部件的磨损情况。

第二节　轻型装备使用安全

森林灭火行动中使用的轻型装备主要包括森林消防水泵、风力灭火机、灭火器材、油锯和割灌机等。

一、森林消防水泵使用安全

目前，森林消防水泵灭火已十分普及，其使用安全尤其要注意以下要点。

（一）危险情况

（1）水枪头弹跳伤人。

（2）水钳把手反弹伤人。

（3）搬运水泵时消声器烫伤人。

（二）预防措施

1. 防范水枪弹跳

在火线上用水泵灭火时，水枪手不可在水带内有高水压状态下将水枪头随意置地。因为，在水带内的高压作用下，水枪头会无规律的猛烈弹跳，易击伤灭火人员。因此，水枪需要置地时，可用止水钳在水枪后方的水带上止水后或降低水泵的转速后方可置地。

2. 防范止水钳反弹

在用水泵扑救森林火灾过程中，会频繁地使用止水钳在水带上止水，为接下一根水带和拆接水枪止水减压。用止水钳实施止水时，操作人的头部要偏离止水钳止水位置，以防止水钳在水带内的高压作用下，止水钳的上把手反弹击中操作人员的头部，发生伤亡。

3. 防范水泵烫伤

在扑救森林火灾中使用水泵灭火时，水泵常常要工作几个小时或更长的时间，所以，水泵的机体特别是水泵的消声器部分的温度非常高。因此，在搬运水泵时一定要将水泵的消声器部分向外搬运，不可向内用腹部顶着消声器搬运，否则会造成腹部烫伤。

（三）故障排除

1. 发动机启动困难

（1）停机开关未打开，排除方法：推到开/关位置。

（2）淹缸，排除方法：用螺丝刀拧开化油器顶盖上的螺钉，轻拉启动器。

（3）火花塞短路、脏或者破损，排除方法：安装新的火花塞。

2. 泵达不到设计流量

（1）有空气吸入，排除方法：检查吸入管段并更换。

（2）出口管流阻太大，排除方法：拉平水带，减少局部阻力。

3. 泵剧烈振动

（1）水泵未能水平放置，排除方法：重新找平坦的放置点。

（2）进水压力过低，排除方法：检查进口是否漏气及压力是否保证。

（3）叶轮局部堵塞或破损，排除方法：拆卸检查或更换。

二、风力灭火机使用安全

风力灭火机是目前使用频率较高的灭火装备，在使用中一定要排除机具故障，注意加油时的安全。

（一）危险情况

（1）机械爆燃。爆燃是指灭火机的发动机气缸内混合气体瞬间不正常的爆炸性燃烧。由于燃油质量不合格或低于发动机规定牌号、燃油抗爆性差、气缸内积炭过多等原因，气缸内的混合气体快速燃烧，引起发动机机体温度急剧升高，燃烧室内燃气压力过大，出现气缸产生强烈的金属敲击声、机体温度严重过热、发动机工作不稳定、功率下降、消声器排出大量黑烟等现象。发生爆燃时，由于气缸内燃气压力过大，会超出气缸材料设计强度，导致气缸爆裂，使装备报废，易造成人员伤亡。

（2）加油时漏油失火。

（3）火花塞插头松动。

（二）预防措施

（1）在燃油中添加具有金属润滑作用的抗爆剂。

（2）灭火机加油时，应待机具熄火后在距离扑灭火线的侧后方20 m处实施，禁止在火线附近和火烧迹地内加油。机具重新启动时，擦拭洒落在机具外表的油迹，离开原地3~5 m后启动，以防机具漏电，点燃漏在地面的燃料造成危险。油料员应经常检查油桶是否漏油，接近火场后必须手提油桶，跟进灭火组的位置应在扑灭火线外侧后方20 m处。遇大火袭击时，迅速扔掉油桶。特殊情况下需进入火烧迹地时，严禁油桶置地。

（3）在机具启动时应检查火花塞是否插紧，如果插头松动，则可能会冒出火花，从而点燃油气混合物并引发火灾。

（三）故障排除

1. 启动时烟色浓黑

燃油混合比不正确，燃油中机油含量过高，汽油含量相对较少，使发动机功率降低，消声器排烟浓黑。

排除方法：清除油箱内燃油，重新注入按规定比例配制的混合油。

2. 发动机过热

（1）工作环境温度过高，长时间超负荷运转导致发动机过热。

排除方法：如果是长时间工作引起的发热，需要冷却一段时间即可恢复正常温度；如果是新机，则需要延长怠速时间。

（2）冷却系统中气缸罩、气缸散热片被泥土、树叶等杂物堵塞，降低了散热能力，导致发动机过热。

排除方法：清除冷却系统中的堵塞物。

三、灭火器材使用安全

（一）点火器

点火器主要用于点烧防火隔离带，由于是手持装备，使用不慎易烧伤自己，因此在使用时要特别注意安全。

（1）使用点火器前，应穿戴防护手套，防止因点火器漏油而造成烧伤。

（2）使用点火器前，要擦拭干净洒落在点火器外表的油迹，防止机具外表的油迹被点燃而造成危险。

（3）禁止使用自制的简易物品充当点火器使用，如用矿泉水瓶、罐头瓶等，以防发生危险。

（二）灭火弹

由于手投式灭火弹的引火装置属于危险装置，因此在使用时要严格注意安全。

（1）当投出的灭火弹未爆炸时，2 min 内不得接近哑弹。

（2）对因保管不慎而失效需报废的灭火弹，应将壳体拆掉，倒出干粉，取出拉火体，并按火工器销毁规则统一销毁。

（三）水枪、水炮

水枪、水炮使用时，喷水口不能直对人的眼、耳、鼻等，以免造成意外伤害。此外，还需注意水管与水箱连接处勿过度弯折，以防胶管出现裂缝而漏水。

四、油锯和割灌机使用安全

（一）油锯

使用油锯时除按要求严格标准配兑燃料、加油外，还要特别注意以下四个方面的安全问题：一是检查锯链的松紧度；二是检查油锯制动系统；三是防范油锯反弹；四是防范锯链崩断伤人。

1. 安全检查

安全检查是确保使用油锯安全的重要保证，因此，任何人在使用油锯前都必须认真地对锯链和制动系统进行安全检查。未经安全检查任何人都不可盲目使用油锯。

2. 检查锯链

检查方法是用手提拉油锯导板上方的锯链，能提起约 3 mm，放手时感到有一定的弹性为最佳状态。使用时锯链过松可能会发生甩掉锯链伤人事故，锯链过紧可能造成锯链崩断伤人。

3. 检查制动系统

（1）检查油锯制动系统是否灵敏，检查方法是用右手握住油锯的后手柄，左手握住前手柄用力向上后方提拉，同时用左小臂向前推挡制动板，检查制动板是否灵敏。

（2）启动油锯后，在锯链工作的状态下向前推制动挡板，检查锯链是否能够迅速有效地停止传动。如果制动不灵敏或不能迅速制动锯链，此油锯暂不可使用。

4. 防范油锯反弹

（1）防止油锯导板前端触碰硬物。使用油锯时要避免油锯导板前端碰到硬物，如坚硬的岩石、金属物等。当油锯导板前端突然触碰到以上硬物时，油锯会瞬间发生反弹，极易造成操作人员的伤亡。

（2）在发生反弹时快速有效的使用制动系统。当油锯导板前端触碰到硬岩石、金属等硬物时，油锯在工作的状态下会向操作手头部方向猛烈反弹，构成巨大危险，此时，操作手的左手要在握前手柄的状态下迅速向前用左小臂推挡油锯的制动挡板，使油锯迅速达到制动状态。

（二）割灌机

使用割灌机前要认真检查机具。操作时，刀具前端严禁触碰岩石等硬物，严防被伐倒的树木、枝丫倾倒伤人。

（1）操作前要戴好安全帽，穿好安全鞋及防护服，根据操作者身高调整背带到合适长度，根据操作者臂长调整手把到自然手扶状态。

（2）应停机加油，加油结束后，要将洒溅在机体上的燃油擦拭干净。

（3）机器启动时，割刀可能旋转，软轴也可能摆动，切忌让割刀触到任何物体，割刀周围禁止站人；切忌启动时油门开到最大，会使割刀突然高速旋转而发生危险；没有割刀防护罩时禁止机器运转；空载时切忌发动机高速运转；发动机运转时不得搬动机器。

（4）切割时要保持机器与身体平衡、稳定，根据倒向选择切口，一锯割倒，在斜坡上作业时，使割刀从高向低切割。要避免刀具碰撞岩石等坚硬物体。持割灌机手柄时，要用力均匀，不能用力过猛，严禁用瞬时的冲击力砍切直径 30 mm 以上的灌木。

（5）切割时由右向左进行作业，进行作业时，附近 10 m 范围内不得有人活动。

（6）割刀碰到石头或坚固物体时，应停机检查；碰到草木之物或蔓藤缠绕时，应停机去除缠绕物。

思考题

1. 乘坐直升机有哪些安全注意事项？
2. 乘坐履带式森林消防车有哪些安全注意事项？
3. 使用风力灭火机有哪些安全注意事项？
4. 使用森林消防水泵有哪些安全注意事项？
5. 使用点火器、水枪有哪些安全注意事项？
6. 使用油锯存在哪些危险及如何应对？

第十章　安全技能训练

课目一　单兵避险基础动作训练

目的：通过训练，使参训人员掌握火场紧急避险的单兵基础动作，锻炼良好的心理素质，为安全高效地完成森林火灾扑救任务打下坚实基础。

内容：蹲姿避险、卧倒避险、冲越火线避险、脱衣避险。

方法：理论提示、讲解示范、组织练习、小结讲评。

时间：4 课时。

地点：森林灭火技战术训练场。

要求：（1）刻苦钻研，互帮互学，共同提高。

（2）把练技术与练心理有机地结合起来。

（3）遵守训练场纪律，按规程操作，谨防训练事故。

保障：17 式森林防护服。

作 业 准 备

（1）检查器材装备，明确训练场规定。

（2）活动身体，进行训练编组。

（3）清点人员，整理着装。

（4）宣布作业提要。

作 业 实 施

训练内容一：蹲姿避险

【理论提示】

避险基础动作是在紧急避险过程中，为了最大限度地减少高温伤害、一氧化碳中毒和浓烟窒息等危险因素对灭火人员的伤害而采取的紧急应对措施。在火场遇险时，单兵通常采取蹲姿避险、卧倒避险、冲越火线避险、脱衣避险等动作。

蹲姿避险主要用于预设安全区域、点顺风火、点迎面火、冲越火线或利用有利地形转移等避险方法时，进入火烧迹地或安全区域后采用。

【讲解示范】

1. 口令

蹲姿——避险，停。

2. 动作要领

灭火机手迅速将灭火机扔出离避险人员最远的距离，水枪手迅速用水淋湿全身，点火手、油料员迅速将易燃、易爆物品扔出安全区域，而后用湿毛巾捂住口鼻，两大臂紧贴两肋迅速顺势蹲下。

当无可利用地形、地物时应背向火蹲下，在利用地形、地物避险时，则面向地形、地物蹲下。

3. 注意事项

（1）将易燃、易爆物品和机具扔至安全地带，严防因油桶（箱）爆炸造成人员伤亡。

（2）头部尽量下低，最大限度降低烟害，并用湿毛巾捂住口鼻，两大臂紧贴两肋顺势蹲下；同时，两腿尽量里合，减少身体的暴露面，防止大面积烧伤。

【组织练习】

个人体会、分组练习、集体练习（略）。

【小结讲评】

（略）

训练内容二：卧倒避险

【理论提示】

卧倒避险主要用于当火场烟尘太大，蹲姿避险无法阻止烟雾对身体的侵害，可进一步降低身位，采取卧倒避烟。

【讲解示范】

1. 口令

卧倒——避险，停。

2. 动作要领

灭火机手迅速将机具扔出安全区，水枪手迅速用水淋湿全身，点火手和油料员迅速将易燃、易爆物品扔出安全区域，而后左脚向前跨步的同时取出湿毛巾，双手撑地，右脚向后撤一大步，身体贴于地面，两腿并拢；双手扒开生土层，用两大臂紧贴肋部，两手压于胸前；两脚并拢伸直，脚尖绷直，脚面朝地；同时，用湿毛巾捂住口鼻，头部紧贴地面，火头越过身体瞬间屏住呼吸。

3. 注意事项

（1）将易燃、易爆物品扔出安全区域，防止意外伤亡。

（2）当无可利用地形、地物时，应顺风就地卧倒。在横向长形遮蔽物后侧避险时，则面向遮蔽物卧倒。

【组织练习】

个人体会、分组练习、集体练习（略）。

【小结讲评】

（略）

训练内容三：冲越火线避险

【理论提示】

冲越火线避险主要用于被林火包围，来不及点火解围或选择其他方法避险时，采取迅速冲越火线达到避险目的的一种避险方法。

【讲解示范】

1. 口令

冲越火线——开始，停。

2. 动作要领

灭火队员迅速将机具置地，检查领口、袖口、裤腿口以及头盔带、鞋带是否扎紧（若有水应向身上洒水，水量有限时应首先向四肢和头部洒水），而后选择火势较弱地段以最快速度冲越火线。冲越时，按要求穿戴防护被装，戴好防护镜和防火手套，用湿毛巾捂住口鼻，以最快速度一次性冲出火线。进入火烧迹地后，视情采取蹲姿或卧姿避险。

3. 注意事项

（1）灭火队员要轻装，选择火势相对较弱的地段冲越。

（2）冲越火线时要尽量降低身体姿势，快速通过。

【组织练习】

个人体会、分组练习、集体练习（略）。

【小结讲评】

（略）

训练内容四：脱衣避险

【理论提示】

在紧急避险过程中，当火烧至灭火队员衣服上时，应实施脱衣避险。

【讲解示范】

1. 口令

脱衣——避险，停。

2. 动作要领

（1）单人自救：衣服燃烧时，迅速解开袖口按扣，两手抓住衣襟，猛力将衣扣拉开；并迅速弯腰、屈膝、低头，抓住后衣领，用力向前下方猛拉，将上衣脱下，并用脱下的衣服扑打其他起火部位。

（2）双人互救：一名灭火队员迅速解开遇险者袖口按扣，将上衣上面两个扣子拉开，同时弯腰、屈膝、低头，两臂前伸；另一灭火队员用左（右）手抓住遇险者后衣领，迅速向后下方猛拉，将遇险者上衣脱下，并用脱下的衣服扑打遇险者其他起火部位。

（3）三人协同：① 抓衣襟法，遇险者迅速解开袖口按扣成弓步，两名灭火队员同时抓住遇险者衣襟，猛力将遇险者衣扣拉开，由前向后协力将遇险者上衣脱下，并用脱下的衣服扑打遇险者其他起火部位。② 抓衣领法，遇险者迅速解开袖口按扣，两名灭火队员同时抓住遇险者衣襟，猛力将遇险者衣扣拉开，遇险者同时弯腰、屈膝、低头，两臂前伸；其中一名灭火队员抓住遇险者衣领，向后下方猛拉，将遇险者上衣脱下，并用脱下的衣服扑打遇险者其他起火部位。

3. 注意事项

（1）按要求穿戴好防护装备，内衣、袜子不要穿化纤材质的，穿棉质、透气性好的内衣，减少皮肤伤害。

（2）要迅速离开燃烧区。

【组织练习】

个人体会、分组练习、集体练习（略）。

【小结讲评】

（略）

作 业 讲 评

（1）重述课目、目的、内容和重点。

（2）讲评训练情况，评估训练效果。

（3）表扬好人好事，指出存在问题。

（4）对下一步训练提出具体要求。

课目二　班（组）火场紧急避险训练

目的：通过训练使参训人员灵活掌握及运用各种避险的基本方法，培养和增加火场紧急避险的意识和能力，为指战员安全避险打下坚实基础。

内容：点迎面火避险、点顺风火避险、转移避险、进入火烧迹地避险、冲越火线避险。

方法：理论提示、讲解示范、组织练习、小结讲评。

时间：4 课时。

地点：森林灭火技战术训练场。

要求：（1）严守纪律，听从指挥，令行禁止。

（2）立足实战，把练战术和练思想作风紧密结合起来。

（3）认真听讲，努力学习，尽快掌握动作要领。

保障：风力灭火机 2 台、高压细水雾 2 台、水枪 2 支、二号工具 2 把、组合工具 1 套、点火器 1 个、加油器 1 个。

作业准备

（1）检查器材装备，明确训练场规定。

（2）活动身体，进行训练编组。

（3）清点人员，整理着装。

（4）宣布作业提要。

作业实施

训练内容一：点迎面火避险

【理论提示】

点迎面火避险是在火场情况突然发生变化，林火对我灭火队员构成严重威胁，周边无安全区域时，就近依托有利地形，组织实施逆风点烧，人员跟进至火烧迹地避险的方法，采用此种方法既可以避开危险，又可以起到拦截火头的作用。

同志们，现我班位于火场右翼，火头距我班约 50 m，由于风向突变，大火向我班所处位置袭来，在我班右侧 30 m 处有一简易公路，由于火头距我班较近，我决定以公路为依托点迎面火避险方法实施避险。

点火手，由你在我身后 5 m 处以公路为依托实施点烧，风力灭火机手、高压细水雾手启动机具，油料员抛弃油料。

【讲解示范】

1. 口令

点迎面火避险——开始，停。

2. 动作要领

当听到“点迎面火避险”的口令后，两名点火手同时半面向左转，跑至距火线适当位置，半面向右转体面向火线，成点火预备姿势，一、二、三号风机手与两名二号工具手连同指挥员自行向右转，跑至两名点火手后侧呈扑打式。当听到“开始”的口令后，两名点火手自行向左、向右转沿火线成一字排开实施点火。点火同时，一、二号风机手跟随点火手助燃，三号风机手和两名二号工具手扑打、清理。操作完毕后跑步返回原位置。所有人员迅速（向后跑步）将机具放置于地面，蹲姿或卧倒避火（人员呈“人”字形展开）。听到“停”的口令后，恢复立正姿势，返回原位置。

3. 注意事项

（1）在火头前进的方向上，选择安全地带和有利地形，宜选择在山的下部点火，既安全又易灭火。

（2）实战中灭火机手在助燃时，应注意把握风力灭火机风力的大小，防止将新点燃的火焰吹灭或没起到助燃作用。

（3）指挥员要注意观察火情，适时清点人数，并收拢人员。

【组织练习】

个人体会、分组练习、集体练习（略）。

【小结讲评】

（略）

训练内容二：点顺风火避险

【理论提示】

点顺风火避险，是在火势猛烈，火头离灭火队员较近，来不及点逆风火阻击火头时，在顺风地带点火，人员跟进至火烧迹地避险的方法。

同志们，现我班位于火场西北线，风向东南，风力 3～4 级，火场植被为草塘、灌丛，草高 2 m，火焰高 4 m，此时大火距我班约 30 m，我决定采取点顺风火避险方法实施避险。

点火手，由你在班级后侧 5 m 处进行直线式点烧，风力灭火机手向前助燃，高压细水雾手加强扑打，水枪手给灭火队员射水降温，组合工具手跟进清理，风力灭火机手、高压细水雾手启动机具，油料员抛弃油料。

【讲解示范】

1. 口令

点顺风火避险——开始——卧倒，停。

2. 动作要领

听到“点顺风火避险”的口令后，油料员向前跑至适当位置（7～9 步后）成弧形撒油。当听到“开始”的口令后，两名点火手半面向右转跑至适当位置开始点火，使火焰呈椭圆形蔓延。而后三名风力灭火机手、两名二号工具手、两名水枪手跑至点火手后侧，风力灭火机手跟进助燃、二号工具手扑打火烧迹地内余火、水枪手射水清理（队形是三台风机手在前，随后是二号工具手、水枪手）。当听到“卧倒”的口令后，所有人员集中至火烧迹地中央，集体卧倒，用湿毛巾捂住口鼻，将脸贴于地面避火。听到“停”的口令后，恢复立正姿势，返回原位置。

3. 注意事项

（1）点烧时，要注意地形、地物，使火能迅速燃烧，控制速度，防止火蔓延。

（2）指挥员要注意观察地形，适时组织人员卧倒避火，并清点人员。

【组织练习】

个人体会、分组练习、集体练习（略）。

【小结讲评】

（略）

训练内容三：转移避险

【理论提示】

当火势突变，威胁人员及装备安全，人力无法控制且时间允许时，迅速向就近的河流、道路等安全地带转移避险。

【讲解示范】

1. 口令

转移避险——开始，停。

2. 动作要领

当听到“转移避险——开始”的口令后，班组人员向右转，跑至右后方的预设安全地带，班组人员迅速蹲下，用湿毛巾捂住口鼻，右手握住机具。听到“停”的口令，班组人员迅速起立，跑回原位置。

3. 注意事项

（1）油桶应放置在距离人员 20 ~ 30 m 安全处，严禁随身携带。

（2）指挥人员要注意清点人数，收拢人员。

【组织练习】

个人体会、分组练习、集体练习（略）。

【小结讲评】

（略）

训练内容四：进入火烧迹地避险

【理论提示】

进入火烧迹地避险，是由于大风天气影响火头迅速向我班级方向袭来，林火对我灭火人员构成严重威胁，灭火人员迅速撤离火线进入火烧迹地避险的一种方法。

同志们，现我班位于火场西侧，由于风向突变，火头距我班约 30 m，正向我班所处位置袭来，我决定采取进入火烧迹地避险方法实施避险，油料员，抛弃油料。

【讲解示范】

1. 口令

进入火烧迹地避险——开始，停。

2. 动作要领

当听到“进入火烧迹地避险——开始”的口令后，油料员迅速抛弃油料，其余人员迅速向后转体携机具撤离火线，进入火烧迹地后向指挥员靠拢，采取蹲姿或卧姿避险。听到“停”的口令，班组人员迅速起立，跑回原位置。

3. 注意事项

（1）油料员进入火烧迹地前要抛弃油桶，严禁随身携带。

（2）指挥员要注意清点人数，收拢人员。

（3）火烧迹地内烟尘较大时，可进一步降低身位，采取卧姿避险。

（4）火烧迹地内余火较多时，可采取滚进碾压余火或滚进避开余火。

【组织练习】

个人体会、分组练习、集体练习（略）。

【小结讲评】

（略）

训练内容五：冲越火线避险

【理论提示】

冲越火线避险，是指灭火人员被林火包围，来不及点火解围且不具备其他避险条件，情况万分紧急时，选择地势相对平坦、火强度较小位置，利用防护装具，护住头部，快速逆风冲越火线，进入火烧迹地，严禁顺风逃生。

同志们，现我班位于火场西北线，风向东南，风力4～5级，火场植被为草塘，草高1.5 m，火墙高4 m，宽6 m，火头正向我班所处位置袭来，我决定采取冲越火线避险。

【讲解示范】

1. 口令

冲越火线避险——开始，停。

2. 动作要领

当听到“冲越火线避险——开始”的口令后，人员迅速向后转体丢弃机具，检查防护装具，使用毛巾捂住口鼻，屈身姿势，迅速逆风冲越火线，到达安全地域后迅速处理脚下余火，采取蹲姿或卧姿避险。听到“停”的口令，班组人员迅速起立，跑回原位置。

3. 注意事项

（1）油料员进入火烧迹地前要抛弃油桶，严禁随身携带。

（2）指挥人员要注意清点人数，收拢人员。

（3）火烧迹地内烟尘较大时，可进一步降低身位，采取卧姿避险。

（4）火烧迹地内余火较多时，可采取滚进碾压余火或滚进避开余火。

【组织练习】

个人体会、分组练习、集体练习（略）。

【小结讲评】

（略）

作 业 讲 评

（略）

附：班（组）人员装备编成

点火手	点火手	一号风机手	二号风机手	三号风机手	指挥员	二号工具手	二号工具手	水枪手	水枪手	油料员

课目三　分队火场紧急避险训练

目的： 通过训练消化分队避险理论知识，提高分队指挥员组织指挥能力和分队协调一致的避险行动，为分队安全避险打下坚实基础。

内容： 避险准备、避险实施。

方法： 理论提示、情况诱导、组织练习、小结讲评。

时间： 4 课时。

地点： 森林灭火技战术训练场。

要求：（1）听从指挥，令行禁止。

（2）认真听讲，仔细体会训练程序。

（3）立足实战，将练战术和练作风紧密结合。

保障： 风力灭火机 4 台、水枪 2 支、组合工具 2 套、点火器 1 支、加油器 1 个、对讲机 2 部、GPS1 部、头盔式无线对讲机 11 顶、灭火弹 2 枚。

作 业 准 备

（1）活动身体，进行训练编组。

（2）清点人员，整理防护装具。

（3）确定安全员，明确训练场规定。

（4）宣布作业提要。

作 业 实 施

训练内容一：避险准备

【理论提示】

以建制大（中）队为基本作战单位是森林消防队伍灭火行动的主要形式。由于分队在灭火行动中相对于班（组），人员多、装备多，避险行动展开相对困难，快速机动能力弱。但分队整体作战能力、处置险情能力更强。

分队在火场遇险时相对于班（组）避险前的准备工作，内容更多、时间更长、难度更大。因此，分队避险前的准备工作要充分发挥干部骨干的作用，分工负责，分头准备，争取避险时间。

【情景模拟】

2022 年重庆市北碚区山火，在 7 ~ 8 级大风的作用下，火势不断扩大，严重威胁重庆市人民生命财产安全。目前火场情况不明，前指命令你部迅速增援，并做好避险准备工作。

【组织练习】

中队长：同志们，前指命令我部迅速增援重庆市北碚火场灭火作战，现火场情况不明，危险性大。前指要求我部提前做好各项避险准备工作。现在大家集思广益，共同研究部署分队避险相关准备工作。

一排长：分队避险前的准备工作主要有四项内容。

(1) 险情侦察。侦察小组通常由灭火经验丰富、反应敏捷、观察能力强的干部和骨干组成。受领任务后，侦察小组要迅速组织对周边自然条件、林火态势等进行侦察，尤其对附近的道路、河流、无植被区、沙石裸露地、田地等有利避险地形进行侦察。重点侦察蔓延速度、主要蔓延方向、距离等林火态势。

(2) 控制现场局面。收拢组通常由指导员和各班副班长组成，主要任务是负责收拢人员，搞好稳心工作，控制混乱局面。受领任务后，立即组织收拢人员和装备，搞好心理疏导，帮助树立依靠集体智慧和能力攻克险情的自信心和凝聚力，使队员保持相对平稳的情绪，防止队伍失控，造成各自逃生的混乱局面。

(3) 装备数质量检查。通常由干部组织进行。主要是对分队携行装备的数质量进行统计，特别是对主要装备，如风力灭火机、备用油、水枪（剩水情况）、灭火弹（炮）、砍刀、油锯、割灌机、点火器、自救器材等进行精确统计，为指挥员决策提供可靠依据。

(4) 通信联络。通常由报务员用野战电台、对讲机、移动电话等通信器材与友邻、上级联络。报务员与上级取得联系后，主要报告分队所处位置（图上位置、站立点坐标），简要报告当前火场态势及分队所处的危险环境。

二排长：分队指挥员根据各小组汇报的情况，集中干部骨干对各种信息进行综合分析。分析时注意听取所属干部骨干的意见，并根据各方意见，结合自身经验、知识确定方案。分析判断的内容主要有：险情威胁度、应对险情时间、可利用避险条件、分队应对能力等。在分析时要正确评估我方实力和火情，既不能高估自己，也不能高估火情。过高估计我方实力，分队人员会思想麻痹，掉以轻心，不积极应对，造成轻敌；过高估计火情，会导致队员心理恐慌，失去信心，丧失斗志，削弱战斗力。在情况特别紧急时，指挥员可根据情况简化程序，迅速做出决策以争取避险的主动。

【小结讲评】

中队长：大家回答得非常正确但还不够全面。避险准备工作主要包括：①计划安排工作；②分头准备；③分析判断险情；④确定避险方法；⑤准备装备器材；⑥进行避险编组六方面的内容。分队指挥员要利用现场各种有利条件和分队实力，因地制宜，力争在短时间内对各种避险方法进行推理归案，确定一个或多个行动方案。在确定行动方案时，重点考虑转移、点火、强攻突围等方法，争取紧急避险的主动。同时，要充分考虑灭火装备、自救器材及队伍整体作战能力等重要因素。会后，大家分工抓好落实。

众答：是。（准备过程略）

训练内容二：避险实施

（一）战斗编组

【理论提示】

在避险行动前，分队指挥员根据火场险情按侦察组、扑打组、收容组、保障组等划分战斗小组，由干部骨干担任组长。侦察组主要负责侦察火情、寻找有利避险条件等；扑打组主要由水枪手、灭火弹手、风力灭火机手等组成，负责阻击火头、突破火线等；收容组由干部担任组长，主要负责收容群众、伤病员等；保障组主要由油料员、砍刀手、点火手等组成，负责后勤保障。侦察组、收容组通常由 2 ~ 3 人组成，扑打组、保障组人数根据装备数质量确定。

【情景模拟】

现分队到达重庆北碚火场西侧，前指命令你部扑打火场北线。此时，分队指挥员要根据人员实力和任务要求，明确任务，进行战斗分组。

【组织练习】

中队长：根据火场态势，中队决定采取“多点突破、分段扑灭”战法，以火场北侧为重点部位，利用直接灭火方法扑灭林火。我部在灭火队伍编成内担负第一梯队突击任务，主要任务是扑打北线明火，具体地段为 1 号高地北侧山脚下，该地段现为下山火，是扑打的最佳时机。

中队编成扑打、清理两个战斗小组。任务区分：一排长带领一、二号灭火机手、一、二号水枪手、一、二号组合工具手为第一组，突破火线后沿火线向西扑打；二排长带领三、四号灭火机手，三、四号水枪手，三、四号组合工具手为第二组。开展行动！

一排长：第一组成二路队形跟我来！

二排长：第二组成二路队形跟我来！

中队长：第一组突破火线后向西侧扑打与友邻队伍会合，结合部在 1 号高地北侧山脚，结合部由我部保障；突破口东侧火线由第二组扑打，与我部结合部由友邻队伍保障。通信联络使用 2 信道。通话呼号为：中队长—01，指导员—02。信（记）号规定：发现火势变化和出现险情时，听我口令行动。

以上情况大家是否清楚？

众答：清楚！（编组过程略）

【小结讲评】

（略）

（二）检查装备

【理论提示】

确定编组和任务，干部骨干要迅速组织全体人员立即整理灭火装备，按要求穿戴好防护被装，携带好必要的灭火装备。分队在准备装备时，要把灭火弹化整为零，队员人手 1 ~ 2 枚，数量少时可相对集中在某个班或某个战斗小组；水灭火效果最好，要把水枪尽量集中在某个班或某个战斗小组；点火器、风力灭火机等要及时补充油料；自救器集中在心理、身体素质好，作战经验丰富的干部骨干手里，作为避险时的“杀手锏”。

【情景模拟】

由于火场山高株密，交通不便，前指命令你部徒步向火场北线机动。出发前，分队指挥员要认真检查携行装备的数质量情况。

【组织练习】

中队长：各组认真检查机具装备状态，检修机具，确保机具性能良好。检查完毕，迅速上报情况。

众答：是。（装备检查过程略）

一排长：中队长同志，一组携带风力灭火机 12 台，水枪 6 支、组合工具 6 套、点火器 3 个、加油器 3 个，对讲机 3 部，头盔对讲机 32 顶、GPS 3 部。装备齐全，性能良好。

二排长：中队长同志，二组携带风力灭火机 14 台，水枪 8 支、组合工具 8 套、点火器 4 个、加油器 4 个，对讲机 4 部，头盔对讲机 40 顶、GPS 4 部。装备齐全，性能良好。

【小结讲评】

（略）

（三）避险实施

【理论提示】

在明确各小组战斗任务后，分队指挥员立即组织分队机动。在机动过程中，分队要统一组织、统一指挥、统一行动。在实施转移避险时，按照侦察组、收容组、保障组、扑打组的序列，成一路或多路纵队运动；在实施点火解围时，按照保障组（点火手在前，一字排开，砍刀手清除可燃物）、收容组、扑打组的序列机动，侦察组配置在不同方位，密切关注火场情况；在开设安全区域时，收容组、保障组负责开设安全区域，扑打组配置在逆风方向迎火头方位；在迎火突围时，按照扑打组（压火头、控火势）、保障组、收容组、侦察组序列机动。机动中，各小组之间要密切协同，统一行动，确保发挥最佳战斗效益，提高行动效率。

【情景模拟】

你部已成功突破火线，前方为下山火，风力稳定，且地势较为平缓。由你根据情况进行处置。

【组织练习】

一排长：前方地势平缓，属低强度地表火，火势较弱，一组决定采用“边打边清”战术灭火，打烧结合，巩固成果。

中队长：战术选择正确，“边打边清”战术，通常用于扑救逆风低强度地表火，其战斗队形依次为风力灭火机手、水枪手、组合工具手。继续组织。

一排长：风力灭火机启动时，间隔 2 m，水枪手间隔 1 m，组合工具手间隔 5 m，安全员注意观察火势变化。“边打边清”战术，开始。（组织过程略）

【情景模拟】

你部沿火线进行扑打，经过 30 min 战斗，已扑灭火线 200 m。目前火场风力 3 ~4 级，火焰高度 1.5 m，火势较强，由你根据情况进行处置。

【组织练习】

二排长：同志们，现火场风力加大，火势较强，二组决定采取“强攻推进”战术灭火。

中队长：二排长战术选择比较合理，“强攻推进”战术是全排协同作战的灭火手段，通常在扑救逆风高强度地表火时采用，战斗队形为一、二、三号灭火机手间隔 50 cm，同步迅速靠近火线实施灭火；一号灭火机手给其他灭火机手吹风降温，依次为水枪手配合灭火机手降低火强度，其他人员沿火线跟进清理。继续组织。

二排长：爆破手实施爆破，强攻推进战术，开始。(组织过程略)

【情景模拟】

由于受山谷地形影响，风向不定，火焰高度 3 m，火势猛烈、蔓延速度快，并且火线前方出现飞火。由你根据情况进行处置。

【组织练习】

一排长：现在火势强度高，蔓延速度快，对我灭火人员构成严重威胁，我决定进入火烧迹地实施紧急避险。(组织过程略)

一排长：中队长同志，我部已成功实施避险，人员无伤亡。

【情景模拟】

当前作战时间是 17 时 00 分，东南火线部分地段已接近草塘边缘，在 3 ~ 4 级西北风的作用下，已经向东南方向蔓延，严重威胁到民航机场油库和航空护林站的安全。由你依据情况进行处置。

【组织练习】

二排长：根据火场情况我决定依托简易公路运用“以火攻火”战术。

中队长：二排长选择的战术是正确的。根据火场态势，如不及时点烧，一旦林火烧入草塘将难以控制。“以火攻火”战术通常分为有依托点烧和无依托点烧。有依托点烧主要用于拓宽防火隔离带，阻止火头越过依托的一种有效途径；无依托点烧主要适用于林火对灭火人员构成威胁时，是一种脱险自救的有效方法。继续组织。

二排长：是！我决定采取“一线点烧”的战法，点火手，沿我手指方向，沿简易公路向东点烧 50 m；灭火机手处理外线火；水枪手、组合工具手跟进清理。开始！(组织过程略)

【情景模拟】

当前林火受山谷影响，呈断续分布，现在由你根据情况进行处置。

【组织练习】

一排长：现在林火受山谷影响，呈断续分布，我决定采用“递进超越”战术灭火，利用有利时机，迅速扩大战果。

中队长：根据作业条件，一排长选择战术是正确的。“递进超越”战术通常用于有利的灭火时机，快速扑救低强度地表火，其战斗队形依次为风力灭火机手、水枪手、组合工具手。继续组织。

一排长：风力灭火机手起动机具，间隔2 m，水枪手间隔1 m，组合工具间隔5 m，安全员注意观察火势变化。“递进超越”战术，开始。（组织过程略）

【情景模拟】

现火场风向突变，你部被林火包围，由你对这个情况进行处置。

【组织练习】

二排长：现在风向突变，我部已被林火包围，我决定采取冲越火线进入火烧迹地内避险。（组织过程略）

二排长：中队长同志，我部已成功实施紧急避险，人员无伤亡。

【小结讲评】

（略）

作 业 讲 评

同志们，今天我们利用4课时对分队避险准备、避险实施两个内容进行了连贯作业。从作业情况看，各排战术运用灵活，情况处置得当，协同配合密切，达到了预期目的。但在紧急避险战术实施过程中，力量梯次配置、人员协同配合还需加强。希望大家在下步的训练中不断加强，提高分队紧急避险能力。

课目四　森林消防单兵安全技能训练

目的：通过训练，克服参训人员面对危险火情所产生的畏惧心理，牢固树立火场安全意识，熟练掌握火场安全逃生技能；为安全高效地完成森林火灾扑救任务打下坚实基础。

内容：整理防护装具、森林消防单兵安全技能训练。

方法：理论提示、讲解示范、组织练习、小结讲评。

时间：8 课时。

地点：森林消防单兵安全技能训练场。

要求：（1）严格训练、严格要求，严格遵守操作规程。

（2）认真体会动作要领，严防训练事故发生。

（3）保护人员注意力集中，做好保护措施。

保障：17 式单兵防护装备 80 套、智能运动手环 80 套、液化石油气 180 kg、烟油 4 瓶、对讲机 4 部。

作 业 准 备

（1）活动身体，进行训练编组。

（2）清点人员，整理防护装具。

（3）确定安全员，明确训练场规定。

（4）宣布作业提要。

作业实施

训练内容一：整理防护装具

【理论提示】

森林消防单兵安全技能训练是通过模拟森林火灾扑救中常见的危险火环境，开展火场逃生技能训练，克服受训者遭遇危险火环境时所产生的畏惧心理，树立火场安全意识，不断提高火场险情应对能力，从而达到安全高效的灭火目标。

首先进行整理防护装具的训练。为便于大家理解记忆，整理防护装具的动作要领可归纳为 1 提，2 戴，3 抚，4 拍，5 蹲，6 查，7 取，8 停。

【讲解示范】

1. 口令

连贯口令：整理防护装具——开始，停。

分解口令：整理防护装具——1——2——3——4——5——6——7——停。

2. 动作要领

当听到“整理防护装具——1”的口令时，双手迅速提起将防护面罩提至鼻上；当听到“2”的口令时，双手迅速将头盔上部的防护眼镜戴到眼睛上；当听到“3”的口令时，双手迅速轻抚下颌衣领并沿衣领由上至下将衣服拉展；当听到“4”的口令时，双手迅速由腰带中间至两侧手套处将衣服拉展，并用双手拍打手套，检查手套是否佩戴齐全；当听到“5”的口令时，右脚迅速后撤下蹲；当听到“6”的口令时，按照由左至右的顺序检查两腿裤脚是否扎紧；当听到“7”的口令时，迅速将身体两侧手套取出并佩戴至双手，同时身体成队列下蹲姿势；当听到“停”的口令时，身体迅速起立成立正姿势。

【组织练习】

（略）

【小结讲评】

（略）

训练内容二：森林消防单兵安全技能训练

（一）跨越塔头（草甸）区

【理论提示】

森林消防单兵安全技能训练场长 100 m，宽 10 m。依据森林火灾扑救中常见的危险火环境，共设置了 8 组、16 种火场障碍物，由前至后分别是①塔头（草甸）区；②火坑（地下火）区；③烟道（火林）区；④火圈（火墙）区；⑤倒木垛（独木桥）区；⑥火廊（云梯）区；⑦火线（浮烟）区；⑧火环（湿地）区。其采用红外感应、实时监控、远程控制等技术可实现手动、自动点火及闭火，控制火焰高度，烟雾启动、停止，达到“火焰可调、烟雾可控、声效辅助、安全可靠”的智能化标准，营造了更为逼真的火场环境。

第一组障碍物为塔头（草甸）区，模拟东北林区的塔头、草塘火。人员出发时需踩踏三步桩快速通过，返回时踩踏五步桩通过，严禁蹬踏塔头。

【讲解示范】

1. 口令

（1）跨塔头——就位——预备——开始，停。

（2）过草甸——就位——预备——开始，停。

2. 动作要领

当听到“跨塔头——就位”的口令后，参训人员按照齐步的动作要领走至出发地域；当听到“预备”的口令后，身体成跑步预备姿势；当听到“开始”的口令时，迅速跑至塔头前缘约 30 cm 处，一脚蹬踏第一个木桩起跳，身体前倾，两臂自然前后摆动，另一腿向前上摆出并依次蹬踏第二、三个木桩通过塔头区；听到“停”的口令时，右脚靠拢左脚，成立正姿势。

当听到“过草甸——就位”的口令后，参训人员按照齐步的动作要领走至出发地域；当听到“预备”的口令时，身体成跑步预备姿势；当听到“开始”的口令时，迅速跑至塔头前约 30 cm 处，一脚蹬踏第一个木桩起跳，身体前倾，两臂自然前后摆动，另一腿向前上摆出并依次蹬踏第二、三、四、五个木桩通过塔头区；听到“停”的口令时，右脚靠拢左脚，成立正姿势。

3. 注意事项

踩踏塔头时身体前倾，脚踩塔头中间，防止崴脚。

【组织练习】

个人体会、分组练习、集体练习（略）。

【小结讲评】

（略）

（二）跳越火坑（地下火）区

【理论提示】

第二组障碍物为火坑（地下火）区，模拟地下火。出发时跨越通过，火池中间宽 2 m，两边宽 1.8 m，人员可以循序渐进开展训练；返回时须跳入火坑，攀爬上来。

【讲解示范】

1. 口令

（1）越火坑——就位——预备——开始，停。

（2）攀火坑——就位——预备——开始，停。

2. 动作要领

当听到“越火坑——就位”的口令后，队列人员按照齐步动作要领走至出发地域；当听到“预备”的口令时，身体成跑步预备姿势；当听到“开始”的口令时，迅速跑至火坑前并快速跨过火坑；当听到“停”的口令时，右脚靠拢左脚，成立正姿势。

当听到“攀火坑——就位”的口令后，队列人员按照齐步动作要领走至出发地域；当听到“预备”的口令时，身体成跑步预备姿势；当听到“开始”的口令时，迅速跑至火坑前并跳入火坑内，双腿微屈同时着地，而后起身双手支撑火坑，右脚（或左脚）迅速挂腿爬出火坑，跑向下一个障碍物。

3. 注意事项

（1）跳入火坑时身体不要前倾，避免惯性撞伤身体。

（2）跳入火坑时双腿微屈，避免体重对双腿冲击，使膝盖受伤。

【组织练习】

个人体会、分组练习、集体练习（略）。

【小结讲评】

（略）

（三）通过烟道（火林）区

【理论提示】

第三组障碍物为烟道（火林）区。烟道模拟浓烟滚滚的火场环境，人员须用湿毛巾捂住口鼻，低头含胸快速通过烟道；返回时通过中间的火林，其模拟次生林燃烧，人员须选择火势较弱处，“S”形快速通过。

1. 口令

（1）钻烟道——就位——预备——开始，停。

（2）穿火林——就位——预备——开始，停。

2. 动作要领

当听到“钻烟道——就位”的口令后，队列人员按照齐步动作要领走至出发地域；当听到“预备”的口令时，身体成跑步预备姿势；当听到“开始”的口令时，迅速用湿毛巾捂住口鼻低头含胸并快速通过烟道；当听到“停”的口令时，右脚靠拢左脚，成立正姿势。

当听到“穿火林——就位”的口令后，队列人员按照齐步动作要领走至出发地域；当听到“预备”的口令时，身体成跑步预备姿势；当听到“开始”的口令时，迅速穿过火林；当听到“停”的口令时，右脚靠拢左脚，成立正姿势。

3. 注意事项

（1）钻烟道要用湿毛巾捂住口鼻，低头含胸。

（2）穿火林要选择火势较弱处，迅速通过。

【组织练习】

个人体会、分组练习、集体练习（略）。

【小结讲评】

（略）

（四）通过火圈（火墙）区

【理论提示】

第四组障碍物为火圈（火墙）区。火圈模拟灌木丛燃烧，人员需快速跨越通过；返回时通过中间的火墙，其模拟急进地表火，人员需快速跨越通过。

【讲解示范】

1. 口令

（1）钻火圈——就位——预备——开始，停。

（2）跃火墙——就位——预备——开始，停。

2. 动作要领

当听到“钻火圈——就位”的口令后，队列人员按照齐步动作要领走至出发地域；当听到“预备”的口令时，身体成跑步预备姿势；当听到“开始”的口令时，迅速跑至火圈前，双脚腾空身体微屈钻过火圈；当听到“停”的口令时，右脚靠拢左脚，身体成立正姿势。

当听到“越火墙——就位”的口令后，队列人员按照齐步动作要领走至出发地域；当听到“预备”的口令时，身体成跑步预备姿势；当听到“开始”的口令时，迅速跑至火墙前并双脚起跳跃过火墙；当听到“停”的口令时，右脚靠拢左脚，身体成立正姿势。

3. 注意事项

（1）穿火圈时要身体微屈，双手抱于胸前。

（2）越火墙时要双脚同时越过火墙，避免绊倒摔伤。

【组织练习】

个人体会、分组练习、集体练习（略）。

【小结讲评】

（略）

（五）通过倒木垛（独木桥）区

【理论提示】

第五组障碍物为倒木垛（独木桥）区。倒木垛模拟火场中燃烧着的倒木，人员需翻越通过；返回时通过中间的独木桥，其模拟林区河流、山涧上狭窄的木桥，人员需保持平衡快速通过。

【讲解示范】

1. 口令

（1）翻倒木垛——就位——预备——开始，停。

（2）过独木桥——就位——预备——开始，停。

2. 动作要领

当听到“翻倒木垛——就位”的口令后，队列人员按照齐步动作要领走至出发地域；当听到“预备”的口令时，身体成跑步预备姿势；当听到“开始”的口令时，迅速跑至倒木垛，右脚（或左脚）蹬墙体同时双手抱住倒木上沿，身体顺势翻越倒木垛，双脚同时着地，双腿微屈并迅速向前跑去；当听到“停”的口令时，右脚迅速靠拢左脚，成立正姿势。

当听到“过独木桥——就位”的口令后，队列人员按照齐步动作要领走至出发地域；当听到“预备”的口令时，身体成跑步预备姿势；当听到“开始”的口令时，迅速跑至独木桥并从桥体上部通过至桥头纵身跃下，然后向前跑向下一障碍物；当听到“停”的口令时，右脚靠拢左脚，成立正姿势。

3. 注意事项

（1）翻越倒木垛时要注意挂腿迅速，避免膝盖受伤。

（2）过桥时要注意身体平衡，脚要踩实。

【组织练习】

个人体会、分组练习、集体练习（略）。

【小结讲评】

（略）

（六）通过火廊（云梯）区

【理论提示】

第六组障碍物为火廊（云梯）区。火廊模拟原始林燃烧、立体火灾的场景，人员需保持冷静，快速冲越通过；返回时通过中间的云梯，其模拟需要攀爬通过的火场特殊场景，人员需利用上肢力量攀爬通过。

【讲解示范】

1. 口令

（1）冲火廊——就位——预备——开始，停。

（2）攀云梯——就位——预备——开始，停。

2. 动作要领

当听到“冲火廊——就位”的口令后，队列人员按照齐步动作要领走至出发地域；当听到“预备”的口令时，身体成跑步预备姿势；当听到“开始”的口令时，迅速冲过火廊；当听到“停”的口令时，右脚靠拢左脚，成立正姿势。

当听到“攀云梯——就位”的口令后，队列人员按照齐步动作要领走至出发地域；当听到“预备”的口令时，身体成跑步预备姿势；当听到“开始”的口令时，迅速跑至云梯前，双脚起跳双手抓住云梯然后快速通过云梯；当听到“停”的口令时，右脚靠拢左脚，成立正姿势。

3. 注意事项

（1）冲火廊时注意脚下避免绊倒，同时用防火面罩捂住口鼻。

（2）双手抓握云梯时手要抓实，防止手滑摔落。

【组织练习】

个人体会、分组练习、集体练习（略）。

【小结讲评】

（略）

（七）通过火线（浮烟）区

【理论提示】

第七组障碍物为火线（浮烟）区。火栏模拟低强度地表火，人员需双脚交替跨越通过；返回时通过浮烟，其模拟火场浓烟场景，人员需低姿匍匐通过。

【讲解示范】

1. 口令

（1）跨火线——就位——预备——开始，停。

（2）过浮烟——就位——预备——开始，停。

2. 动作要领

当听到“跨火线——就位”的口令后，队列人员按照齐步动作要领走至出发地域；当听到“预备”的口令时，身体成跑步预备姿势；当听到“开始”的口令时，迅速跑至火栏前，双脚交替跨过火栏；当听到“停”的口令时，右脚靠拢左脚，成立正姿势。

当听到“过浮烟——就位”的口令后，队列人员按照齐步动作要领走至出发地域；当听到“预备”的口令时，身体成跑步预备姿势；当听到“开始”的口令时，迅速跑至火栏前俯身，低姿匍匐通过火栏，然后跑向下一障碍物；当听到“停”的口令时，右脚靠拢左脚，成立正姿势。

3. 注意事项

（1）跨越火栏时，双脚交替要快，避免被火烧伤。

（2）过浮烟时，身体要尽量降低，避免火烧到身体。

【组织练习】

个人体会、分组练习、集体练习（略）。

【小结讲评】

（略）

（八）通过火环（湿地）区

【理论提示】

第八组障碍物为火环（湿地）区。火环模拟小面积的火烧迹地，人员需快速进入火烧迹地，采取蹲姿避险；返回时通过两边的湿地，其模拟火场中的沼泽、湿地地形，人员须踩踏塔头通过。

【讲解示范】

1. 口令

（1）入火环——就位——预备——开始，停。

（2）过湿地——就位——预备——开始，停。

2. 动作要领

当听到“入火环——就位”的口令后，队列人员按照齐步动作要领走至出发地域；当听到“预备”的口令时，身体成跑步预备姿势；当听到“开始”的口令时，迅速跑至火环前并跳入火环，进入火环后立即下蹲成避险姿势，然后迅速起身跳出火环；当听到“停”的口令时，右脚靠拢左脚，成立正姿势。

当听到“过湿地——就位”的口令后，队列人员按照齐步动作要领走至出发地域；当听到“预备”的口令时，身体成跑步预备姿势；当听到“开始”的口令时，迅速跑至湿地前并踩踏塔头快速通过湿地；当听到“停”的口令时，右脚靠拢左脚，成立正姿势。

3. 注意事项

（1）入火环要注意采取蹲姿避险，捂住口鼻。

（2）过湿地要注意踩实防止崴脚。

【组织练习】

个人体会、分组练习、集体练习（略）。

【小结讲评】

（略）

森林消防安全技能训练200米考核标准（全装实战）见表10－1，森林消防安全技能训练场如图10－1所示。

表10－1　森林消防安全技能训练200米考核标准表（全装实战）

前进障碍物	塔头区	火坑区	烟道区	火圈区	倒木垛区	火廊区	火线区	火环区
通过标准	3″	2.5″	5″	2.5″	8″	3″	5″	6″
	少踩一个加1″	未从火坑跳跃加2.5″	未从烟道进入加5″	未从火圈穿越加2.5″	未从倒木垛翻越加20″	未从火廊冲越加3″	少跨一个火栏加2″	未进入火环加12″，未停留两秒加4″
返回障碍物	湿地区	浮烟区	云梯区	独木桥区	火墙区	火林区	地下火区	草甸区
通过标准	3″	7″	12″	5″	3″	3″	8″	4″
	少踩一个加1″	未从浮烟区钻过加10″	未从云梯通过加20″，少过一道加5″	未从独木桥通过加5″	未从火墙通过加3″	少绕一个火桩加2″	绕过地下火区加15″	少踩一个加1″
备注	成绩标准：优秀1′20″，良好1′50″，及格2′20″； 着装要求：行进过程中装备掉落一个（只）加5″； 2个以上（含2个）障碍物未通过则视为成绩不合格							

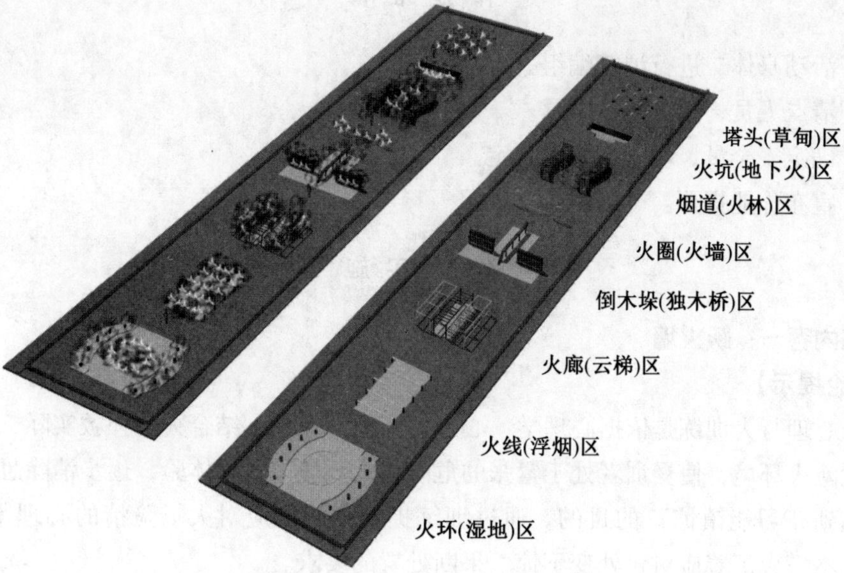

图 10－1　森林消防安全技能训练场示意图

作业讲评

（略）

课目五　森林火场心理行为训练

目的：通过训练，锻炼参训人员良好的心理素质，克服在灭火行动中遭遇危险火环境产生的畏惧心理，培养指战员处变不惊、沉着应对、遇险不慌、冷静处置的胆识和信心，为安全高效地完成森林火灾扑救任务打下坚实基础。

内容：跃火墙、穿塔头、跨火沟、入迹地、过火幕、穿密林、冲火廊。

方法：理论提示、讲解示范、组织练习、小结讲评。

时间：4 课时。

地点：森林火场心理行为训练场。

要求：（1）刻苦钻研，互帮互学，共同提高。

（2）把练技术与练心理有机地结合起来。

（3）遵守训练场纪律，按规程操作，谨防训练事故。

保障：17 式单兵防护装备 80 套、液化石油气 180 kg、烟油 4 瓶、对讲机 4 部。

作业准备

（1）活动身体，进行训练编组。

（2）清点人员，整理防护装具。

（3）确定安全员，明确训练场规定。

（4）宣布作业提要。

作业实施

训练内容一：跃火墙

【理论提示】

火场心理行为训练是依据心理学、心理行为治疗原理，结合火灾扑救实际，模拟设置常见的危险火环境，使受训者处于紧张的危险仿真环境中实践体验，逐步消除恐惧的心理反应，达到“习能镇惊”的目的。通过训练提高指战员应对火场险情的心理承受能力，实现遇险不慌、沉着应对、处变不惊、果断处置的要求。

火墙，根据低强度地表火的火墙厚薄设置，让参训人员感受低强度地表火在短时间内对人的威胁程度，使受训者认识到低强度地表火是可以实施直接扑打或直接跨越的，消除忧郁、紧张等心理。

【讲解示范】

1. 口令

跃火墙——预备——开始，停。

2. 动作要领

当听到“跃火墙——预备”的口令后，队列人员按照齐步动作要领走至火墙前约 30 cm 处，身体成跑步预备姿势；当听到“开始”的口令时，左（右）脚迅速用力蹬地起跳，右（左）腿向前上方摆起，略收腹含胸，身体前倾跃起腾空，起跳腿迅速屈膝提腿，收于胯下，身体跃过火墙，左（右）脚着地，右（左）脚缓冲，继续前跑；当听到“停”的口令时，右脚靠拢左脚，成立正姿势。

3. 注意事项

按规定穿着防护装备，动作迅速，跨越通过，身体尽可能地避开火焰，一次完成跨越动作。

【组织练习】

个人体会、分组练习、集体练习（略）。

【小结讲评】

（略）

训练内容二：穿塔头

【理论提示】

塔头，根据沟谷塔头火情境设置，让参训人员体验并感受在沟谷中遭火袭击或包围时，快速穿越塔头地段，避免被塔头绊倒，消除紧张、焦虑的心理。

【讲解示范】

1. 口令

穿塔头——预备——开始，停。

2. 动作要领

当听到“穿塔头——预备”的口令后，队列人员按照齐步动作要领走至塔头前 20 cm 处，身体成跑步预备姿势；当听到“开始”的口令时，右（左）脚迅速蹬地，左（右）脚跨出第一步，踏在塔头与塔头之间的地面，前脚掌着地，抬腿高度要超过塔头高度，左右脚互换，跳跃通过；当听到“停”的口令时，右脚靠拢左脚，成立正姿势。

3. 注意事项

按规定穿着防护装备，动作迅速，要选择火势弱处按蛇形或“S”形通过，不得蹬踏火障。

【组织练习】

个人体会、分组练习、集体练习（略）。

【小结讲评】

（略）

训练内容三：跨火沟

【理论提示】

火沟，根据地下火燃烧时的情境设置，让参训人员体验地下火的热辐射、火强度，消除在遭遇地下火时的恐慌心理。

【讲解示范】

1. 口令

跨火沟——预备——开始，停。

2. 动作要领

当听到“跨火沟——预备”的口令后，队列人员按照齐步动作要领走至火沟前缘约 30 cm 处，身体成跑步预备姿势；当听到“开始”的口令时，左（右）脚迅速用力蹬地起跳，身体向前上方跃起，身体稍前倾，右（左）腿向前摆出并跨越火沟，用前脚掌着地，两臂配合蹬跨腿前后自然摆动；当听到“停”的口令时，右脚靠拢左脚，成立正姿势。

3. 注意事项

按规定穿着防护装备，动作迅速，跨越通过，一次完成跨越动作。

【组织练习】

个人体会、分组练习、集体练习（略）。

【小结讲评】

（略）

训练内容四：入迹地

【理论提示】

迹地，根据森林火灾中火烧迹地情境设置，让参训人员体验被火包围或在火烧迹地实施避险时的火环境，消除紧张、焦虑、恐慌等心理。

【讲解示范】

1. 口令

入迹地——预备——开始，停。

2. 动作要领

当听到“入迹地——预备”的口令后，队列人员按照齐步动作要领走至火烧迹地前缘约 30 cm 处，身体成跑步预备姿势；当听到“开始”的口令时，左（右）脚迅速用力蹬地起跳跨入火烧迹地内，右（左）脚向前踏出一步，顺势卧倒，两脚并拢，脚面着地，双手掌心向上、并齐护住面部，停留 3 ~ 5 s 后，迅速起身前进；当听到“停”的口令时，右脚靠拢左脚，成立正姿势。

3. 注意事项

按要求穿戴防护服，进入火烧迹地后，卧倒要迅速，两腿要伸直并拢，身体各部位要尽可能地贴近地面。

【组织练习】

个人体会、分组练习、集体练习（略）。

【小结讲评】

（略）

训练内容五：过火幕

【理论提示】

火幕，根据树冠火燃烧时的情境设置，让参训人员亲身体验一般树冠火在短时间内对人体的热辐射，感受快速通过树冠火袭击时的心理反应，逐步消除焦虑、恐慌等心理。

【讲解示范】

1. 口令

过火幕——预备——开始，停。

2. 动作要领

当听到“过火幕——预备”的口令后，队列人员按照齐步动作要领走至火幕前缘约 50 cm 处，身体成跑步预备姿势；当听到“开始”的口令时，双手并齐护住口、鼻处，屏住呼吸，稍低头，含胸收腹，一步冲越通过；当听到“停”的口令时，右脚靠拢左脚，成立正姿势。

3. 注意事项

身体迅速从火幕通过，身体各部位不得接触火障。

【组织练习】

个人体会、分组练习、集体练习（略）。

【小结讲评】

（略）

训练内容六：穿密林

【理论提示】

密林，根据枯立木、站杆等燃烧时的情境设置，让参训人员体验在密林地灭火、穿行时的心理反应，消除焦虑、紧张等心理。

【讲解示范】

1. 口令

穿密林——预备——开始，停。

2. 动作要领

当听到“穿密林——预备”的口令后，队列人员按照齐步动作要领走至密林前缘约 1 m 处，身体成跑步预备姿势；当听到“开始”的口令时，双手并齐护住口、鼻处，稍低头，含胸收腹，迅速通过；当听到“停”的口令时，右脚靠拢左脚，成立正姿势。

3. 注意事项

按要求穿戴防护装备，避开枯立木，倒木等，迅速穿越通过，身体各部位不得接触火障。

【组织练习】

个人体会、分组练习、集体练习（略）。

【小结讲评】

（略）

训练内容七：冲火廊

【理论提示】

火廊，根据密灌、密林火线情境设置，让参训人员体验实施快速冲越火线避险时的心理反应。通过冲越火廊，令指战员认识到冲越火线并没有自己想象中那么危险或可怕，从而消除遭火袭击或被火包围，实施冲越火线避险时的恐慌、畏惧等心理，不断增强自信心。

【讲解示范】

1. 口令

冲火廊——预备——开始，停。

2. 动作要领

当听到“冲火廊——预备”的口令后，队列人员按照齐步动作要领走至火廊前缘约 1 m 处，身体成跑步预备姿势；当听到“开始”的口令时，双手并齐护住口、鼻处，低头看脚下路面情况，含胸收腹，屏住呼吸，迅速通过；当听到“停”的口令时，右脚靠拢左脚，成立正姿势。

3. 注意事项

按要求穿戴防护装备，以最快速度通过火廊，身体各部位不得接触火障。

【组织练习】

个人体会、分组练习、集体练习（略）。

【小结讲评】

（略）

作业讲评

（略）

课目六　单个火场障碍物通过训练

目的： 通过训练，增强参训人员的体能素质，提高通过火场障碍物的灵活性、速度和耐力，培养参训人员的勇气和自信心，掌握火场安全逃生技能，为安全高效地完成森林火灾扑救任务打下坚实基础。

内容： 跨越火池。

方法： 理论提示、讲解示范、组织练习、小结讲评。

时间： 2 课时。

地点： 森林消防单兵安全技能训练场。

要求：（1）刻苦钻研，互帮互学，共同提高。

（2）把练技术与练心理有机地结合起来。

（3）遵守训练场纪律，按规程操作，谨防训练事故。

保障： 17 式单兵防护装备 80 套、液化石油气 90 kg、烟油 2 瓶、对讲机 4 部。

作业准备

（1）检查器材装备，明确训练场规定。

（2）活动身体，进行训练编组。

（3）清点人员，整理着装。

（4）宣布作业提要。

作业实施

【理论提示】

火场单个障碍物训练是森林消防安全技能训练的重要组成部分，参训者在掌握单个火场障碍物通过方法的基础上，才能开展下一步的连贯练习。训练依据心理学，结合森林消防队伍火灾扑救实际，模拟设置常见的危险火环境，让受训者在近似实战环境下进行仿真训练，逐步消除恐惧心理，不断提高应对火场险情能力，从而实现安全灭火目标。

火池模拟森林火灾扑救中燃烧的塔头地和草甸火环境，主要针对灭火人员遇到草甸或塔头火，需要快速穿越、紧急避险或战略转场时，克服眼前一片“火海”对心理造成的恐惧（负性心理），跨越火池，提升安全逃生技能。

【讲解示范】

1. 口令

跨火池——预备——开始，停。

2. 动作要领

当听到“跨火池——预备”的口令后，队列人员按照齐步的动作要领走至火池前缘约 30 cm 处，身体成跑步预备姿势；当听到“开始”的口令时，一脚蹬地起跳，身体向上方跃起，另一腿向前上摆出并趟越火池着地，跨越火池时，身体稍前倾，两臂自然前后摆动；听到“停”的口令时，右脚靠拢左脚，成立正姿势。

3. 注意事项

（1）跨越时，要避开燃烧的塔头、草甸；屏住呼吸，防止烟雾中毒；身体各部位不得接触火池，防止摔伤、碰伤、烧伤。

（2）到达火池前缘时，左脚先起跳，向上跨越，身体前倾，两臂前后自然摆动，右脚跟进，落地后两脚靠拢成立正姿势。

【组织练习】

1. 体会练习

口令：间隔一米，向右看——齐，向前——看。

根据讲解的动作要领，个人进行体会练习。

问题预测：参训者跨越时身体前倾不够。

纠正方法：在原地纠正身体位置。

2. 分解练习

根据穿越火池动作的特点和规律，将动作分解为三步：第一步，助跑起跳；第二步，跨越火池；第三步，落地靠脚。

（1）口令：跨火池——分解动作——1——2，停。

（2）动作要领：当听到“跨火池——分解动作——1”的口令时，助跑起跳；当听到“2”的口令时，跨越火池；当听到“停”的口令时，落地靠脚，成立正姿势。

（3）分组练习（每两人一组进行分解练习）：略。

3. 集体练习

以班为单位组织练习；教员逐班进行检查纠正。

作业讲评

（略）

课目七　火场紧急救护训练

目的：通过训练使参训人员了解火场常见危险的急救基本技术，掌握火场急救技术的操作流程和动作要领，进一步强化参训人员的自我保护意识。

内容：一氧化碳中毒的紧急处置、毒蛇咬伤的紧急处置。

方法：理论提示、讲解示范、组织练习、小结讲评。

时间：2 课时。

地点：森林灭火技战术训练场。

要求：（1）严守纪律，听从指挥。

（2）严格训练，严格要求。

（3）认真观察，仔细体会。

保障：三角巾 100 条、纱布 50 卷、敷料 50 块、止血带 50 根、碘伏 5 瓶、担架 5 副。

作业准备

（1）检查器材装备，明确训练场规定。

（2）活动身体，进行训练编组。

（3）清点人员，整理着装。

（4）宣布作业提要。

作业实施

训练内容一：一氧化碳中毒的紧急处置

【理论提示】

一氧化碳中毒是指含碳物质燃烧不完全时的产物经呼吸道吸入引起中毒，俗称煤气中毒。由于一氧化碳与血红蛋白的亲和力比氧与血红蛋白的亲和力高 200～300 倍，所以一氧化碳极易与血红蛋白结合，形成碳氧血红蛋白，使血红蛋白丧失携氧的能力和作用，造成组织窒息。一氧化碳对全身的组织细胞均有毒性作用，尤其对大脑皮质的影响最为严重。

一氧化碳中毒主要有以下三种症状。

（1）轻度中毒，表现为头晕、头痛、眼花、心慌、胸闷、恶心等症状。

（2）中度中毒，表现为烦躁不安、精神错乱；四肢发凉、全身出冷汗；脉搏细弱、血压下降；呼吸困难、气息微弱；恶心呕吐、瘫痪无力等，并逐渐进入虚脱昏迷状态。

（3）重度中毒，表现为深度昏迷、大小便失禁、瞳孔散大等；同时，呼吸浅而不规则，皮肤由樱桃红变为灰白或紫色，血压极度下降。此时，患者会出现心肌损害和脑、肺水肿等严重症状与体征，若抢救不及时，极易死亡。

【讲解示范】

利用人体模型，由一名参训者示范人体一氧化碳中毒后的紧急处置，全班进行观摩，纠正并示范讲解一氧化碳中毒紧急处置的注意事项。

1. 示范动作

结合人体模型，由参训者进行示范。

2. 动作要领

（1）采取两人搬运法迅速将中毒者从中毒环境转移至空气流通的安全区域，并将中毒者调整至侧卧位。

（2）判断中毒者意识，采取轻拍重呼法。若中毒者呼吸微弱甚至停止，立即进行人工呼吸，人工呼吸应坚持 2 h 以上。若患者曾呕吐，人工呼吸前应先消除口腔中的呕吐物。若患者心跳停止，立即进行心脏复苏抢救。

（3）条件允许时，第一时间给中毒者吸纯氧，吸氧应维持到中毒者神志清醒为止。

（4）若中毒者出现昏迷或抽搐，可在头部四周置冰袋，以减轻脑水肿并肌肉或静脉注射安定 10 mg。

（5）若中毒者昏迷程度较深，可将地塞米松 10 mg 放在 20% 的葡萄糖液 20 mL 中缓慢静脉注射。

（6）急救的同时拨打 120，将中毒者尽快送至具备高压氧舱的医院。

【组织练习】

1. 分组练习

1）存在问题

（1）体位摆放不正确。

（2）判断患者意识的方法不正确。

（3）人工呼吸前未开放气道。

（4）未及时拨打 120。

2）纠正方法

（1）（直接纠正）转移至空气流通的安全区域，将中毒者调整至侧卧位。

（2）（示范纠正）轻轻拍打双肩，在两耳侧大声呼唤。

（3）（对比纠正）人工呼吸前应先清理口腔异物。

（4）（直接纠正）在急救的同时，拨打 120 请求救援。

2. 评比竞赛

在分组练习中，大家互助精神强，能相互查找和指出存在问题，切实达到共同提高的目的。为了强化训练效果，发扬有第一就争，有红旗就扛的战斗作风，下面进行评比竞赛。

评比竞赛（分四组各四名轮流上，两名配合两名做动作）有关成绩评定标准是：1′30″ 以内为合格；1′10″以内为良好；1′00″以内为优秀。

【小结讲评】

通过上述的训练，同学们的现场急救能力得到了明显的提高。但是在对一氧化碳中毒患者急救时应注意：将中毒者迅速调整至侧卧位，松开衣领，确保呼吸道通畅，防止窒息；密切观察患者意识、呼吸及脉搏等情况；施救者在做心肺复苏的同时，还需及时拨打急救电话；对于昏迷不醒的中毒者可将其头部偏向一侧，以防呕吐物误吸入肺内导致窒息。

训练内容二：毒蛇咬伤的紧急处置

【理论提示】

世界上有2000多种蛇，其中我国有170余种，有近50种为毒蛇，危害较大的有蝮蛇、眼镜蛇、眼镜王蛇、金环蛇、银环蛇、五步蛇及竹叶青蛇等，主要分布在南方省区。毒蛇咬伤常见于我国林区、山区和沿海一带，以夏、秋季居多；毒蛇咬伤能使人中毒，救治不及时常危及生命安全。

毒蛇咬伤的临床表现如下。

（1）血液毒素中毒，见于蝰蛇、五步蛇和竹叶青蛇咬伤。咬伤局部出现剧痛、红肿、出血、水疱、皮下瘀斑或组织坏死，引起淋巴管炎和淋巴结炎，伤口不易愈合，并迅速向肢体近端蔓延。全身反应多在咬伤2～3 h出现，有发热、胸闷、心慌、气短、恶心、呕吐等。严重者出现皮肤黏膜出血、呕血、便血、尿血、鼻出血等，可有溶血性黄疸，还可出现心律失常、心肌损害、心力衰竭甚至休克，有的出现急性肝、肾衰竭。

（2）神经毒素中毒，见于金环蛇、银环蛇、部分蝮蛇和海蛇咬伤。咬伤局部症状相对较轻，伤口可仅有轻度红肿、麻木、流血不多，所以往往易被忽视。大约在咬伤后1～3 h，开始出现全身症状并迅猛发展，有视物模糊、眼睑下垂、声音嘶哑、言语和吞咽困难，恶心、呕吐、牙关紧闭、共济失调、瞳孔散大、光反射消失、大小便失禁等。严重者肢体瘫痪、惊厥、昏迷、休克、呼吸麻痹以至呼吸停止。虽然神经毒素的症状很重，但病程较短，只要度过前两天的危险期，一般均可恢复。

（3）混合毒素中毒，见于眼镜蛇、眼镜王蛇和蝮蛇咬伤。兼有以上两者的特点，但又有所侧重，如眼镜蛇咬伤以神经毒素中毒为主，蝮蛇咬伤以血液毒素中毒为主。

【讲解示范】

利用人体模型选取一名参训者示范被毒蛇咬伤后的紧急处置，全班进行观摩，纠正并示范讲解毒蛇咬伤紧急处置的注意事项。

1. 示范动作

结合人体模型，由参训者进行示范。

2. 动作要领

（1）毒蛇咬伤的判定。被毒蛇咬伤后切忌惊慌，首先要判明是否为毒蛇咬伤。这可通过蛇的牙痕进行判断，无毒蛇的牙痕多呈一排或两排，而毒蛇的牙痕则多呈两点（1对）或数点（2～3对）。

（2）减缓毒素的吸收和扩散。让受伤者保持镇静，不要惊慌，更不要奔跑，必要时对伤者进行肢体固定，以减缓毒素的吸收和扩散。

（3）对伤口进行局部处理。立即用三角巾或绷带物在伤肢近心端 5 ~ 10 cm 处或在伤指（趾）根部予以绑扎，以减少静脉及淋巴液的回流，每 1 h 放松一次，每次 2 ~ 3 min，防止肢体缺血坏死。

（4）局部冷敷。用冰块敷于伤肢，降低毒素中酶的活性；也可将伤肢或伤指浸入 4 ~ 7 ℃的冷水中，并注意全身保暖。

（5）烧灼。被蛇咬伤后立即用 5 ~ 7 根火柴头烧灼伤口，以破坏局部蛇毒。

（6）切开伤口，排除毒液。将伤口按照“ + ”或“ + + ”形切开，使残存的蛇毒便于流出，但切口不宜过深，以免伤及血管。

（7）药物治疗。尽早服用蛇药片（如南通蛇药、上海蛇药等）或将蛇药片用清水溶成糊状涂在伤口四周。尽快将患者送至有抗蛇毒血清的医院。

【组织练习】

1. 分组练习

1）存在问题

（1）伤口结扎位置过低或过高。

（2）采取用嘴吸毒。

（3）伤口切口长度和深度不够。

（4）未服用蛇药治疗。

2）纠正方法

（1）（直接纠正）结扎伤口近心端 5 ~ 10 cm 处，每隔 1 h 放松 1 次，放松时间 2 ~ 3 min，以防止肢体缺血坏死。

（2）（示范纠正）绝对不能用嘴吸毒，因为毒液很容易渗透到施救者体内，造成其中毒；通常采用火罐、吸吮器进行吸毒。

（3）（对比纠正）应沿牙痕按照“ + ”或“ + + ”形切开，切口长度约 1 ~ 1.5 cm，其深度以达到皮肤下为止。

（4）（直接纠正）第一时间服用蛇药，同时将蛇药捣碎，调成糊状外敷伤口。

2. 评比竞赛

在分组练习中，同学们互助精神强，能相互查找和指出存在问题，切实达到共同提高的目的。为了强化训练效果，发扬有第一就争，有红旗就扛的战斗作风，下面进行评比竞赛。

评比竞赛（分四组各四名轮流上，两名配合两名做动作）有关成绩评定标准是：2′30″ 以内为合格；1′50″以内为良好；1′30″以内为优秀。

【小结讲评】

通过训练，大家的现场急救能力得到了明显的提高。但是在对毒蛇咬伤者急救时应注意：被毒蛇咬伤后绝对不能喝酒，因为酒能加快血液循环，使毒液扩散加快；用火烤伤口可以破坏蛇毒，但要注意避免烧伤；被蜈蚣、蝎子、蜂、毒蜘蛛等毒虫咬蜇伤时，也会像被毒蛇咬伤那样引起中毒以致死亡，所以也要及时自救或及时送往医院救治，其救护措施与被毒蛇咬伤的救护措施类似。

作业讲评

（略）

课目八　野外人员搜救训练

目的：通过训练使参训人员熟练掌握野外人员搜救的常用运动队形和运动方法，明确每一运动队形的适用范围和战术意义，能够以班为单位合理运用战术队形，选择运动方法，提升野外搜救技能，为开展迷山救援行动打下坚实基础。

内容：搜救队形、运动方法。

方法：理论提示、讲解示范、组织练习、小结讲评。

时间：4 课时。

地点：森林灭火技战术训练场。

要求：（1）严守纪律，听从指挥，令行禁止。

（2）立足实战，把练战术和练思想作风紧密结合起来。

（3）认真听讲，努力学习，尽快掌握动作要领。

保障：砍刀 12 把、手锯 12 把、急救箱 2 个、担架 2 副、对讲机 12 部。

作业准备

（1）检查器材装备，明确训练场规定。

（2）活动身体，进行训练编组。

（3）清点人员，整理着装。

（4）宣布作业提要。

作业实施

训练内容一：搜救队形

【理论提示】

所谓小组，是指能够对其实施面对面地直接指挥，内部成员相互间能够进行直接地联络与配合，为执行某一具体任务而临时组成的小型群体。

小组战斗队形人数根据情况和任务而定，少则 3 ~ 5 人，多则 10 ~ 20 人。总的指导原则是在确保完成任务的前提下，短小精悍，便于指挥、机动、联络、协同。小组通常按四个层次进行编组，即指挥人员、突击人员、机动人员、保障人员。

采取适当的战斗队形和运动方法，对于搜救发现搜救目标、分散目标的注意力和火力、隐蔽迅速地接近目标、减少自我伤亡都具有重要的意义。

小组运动队形，应根据地形、搜救目标的情况和任务而定。人与人、小组与小组之间的距离应灵活掌握。在搜救目标威胁不大的情况下，可以适当缩小间隔距离，但不能过小，拥挤易扩大伤亡；间隔距离过大，人员分散，不利于指挥和配合。

【讲解示范】

(一)一(二) 路纵队

当距离搜救目标较远，搜救目标威胁不大或通过街巷以及其他狭窄地段、地形较隐蔽时采用。

1. 口令

成一（二）路纵队——跟我来。

2. 动作要领

当听到“成一（二）路纵队——跟我来”的口令时，组长向目标方向前进，其余人员拉开距离依次跟进，前后之间的距离通常为 2 ~ 3 m，如图 10 – 2 所示。

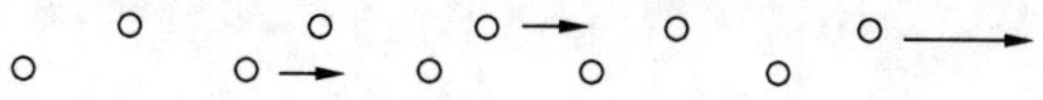

图 10 – 2　一（二）路纵队示意图

3. 注意事项

指挥员要注意观察火情，适时清点人数，并收拢人员。

(二) 一字队形

通常在开阔地形上搜救前进时采用。

1. 口令

成一字形队形——散开。

2. 动作要领

当听到“成一字形队形——散开”的口令时，组长在中间，其余人员向两翼取适当距离展开前进，人与人间距通常为 5 ~ 7 m，如图 10 – 3 所示。

图 10 – 3　一字队形示意图

3. 注意事项

指挥员要注意观察火情，适时清点人数，防止崴脚。

（三）三角队形

三角队形分为前三角队形和后三角队形两种；前三角队形应用于开阔的地形，正前方目标突然消失，向正前和两侧目标接近，或在搜救时两侧地形复杂时采用；后三角队形应用于开阔的地形，正前方目标明确，向正前和两侧目标接近，或在搜救时正前方地形复杂时采用。

1. 口令

成前（后）三角队形——散开。

2. 动作要领

当听到“成前（后）三角队形——散开”的口令时，基准组向目标前进，其余人员或小组在两翼取适当距离成三角形前进。若编成大组时，各小组均应成前（后）三角队形，如图 10－4 所示。

3. 注意事项

指挥员位于队形中央，注意观察火情、地形，适时清点人数。

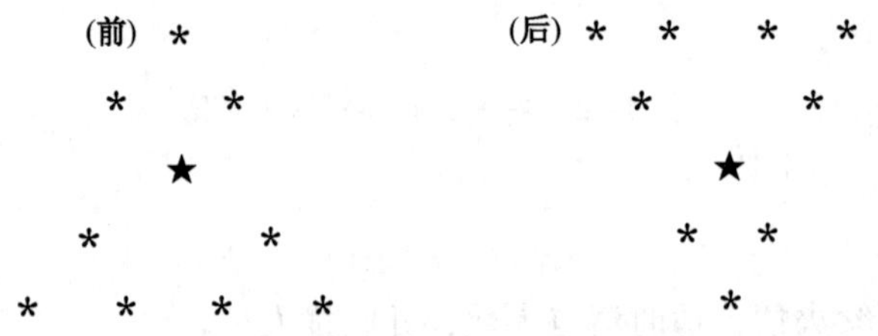

图 10－4　前（后）三角队形示意图

（四）梯形队形

当左右前方侧翼发现目标时采用。

1. 口令

成左（右）梯形队形——散开。

2. 动作要领

当听到“成左（右）梯形队形——散开”的口令时，以左（右）翼队员或小组为基准，其余人员在右（左）前方成梯形队形前进，人与人间距通常为 5～7 m，如图 10－5 所示。

3. 注意事项

指挥员要注意观察火情，适时清点人数，防止崴脚。

（五）弧形队形

图 10－5 梯形示意图

当前方发现目标并受其威胁时采用，包括正弧形队形与反弧形队形。

1. 口令

成正（反）弧形队形——散开。

2. 动作要领

当听到“成正（反）弧形队形——散开”的口令时，以中间队员或小组为基准，其余人员在左（右）前方成弧形队形前进，人与人间距通常为 5～7 m，如图 10－6 所示。

3. 注意事项

指挥员要注意观察火情，适时清点人数，防止搜救队员走失。

图 10－6 正（反）弧形队形示意图

（六）“W”队形

在开展搜救行动时，兵力展开成“W”形的战斗队形，通常在对山林地、高苗地实施搜捕时采用。

1. 口令

成“W”形队形——散开。

2. 动作要领

当听到“成‘W’形队形——散开”的口令时，以中间队员和两侧的基准兵为基准，其余人员成“V”形跟进，人与人间距通常为5～7 m，如图10－7所示。

3. 注意事项

指挥员要注意观察火情，适时清点人数，防止崴脚。

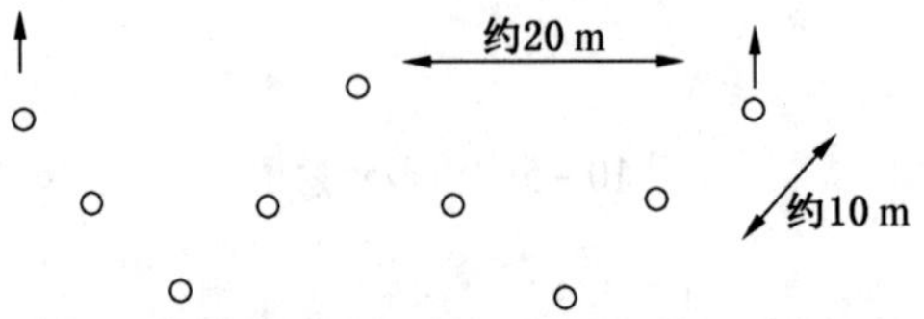

图10－7　“W”队形示意图

（七）环形队形

应用于目标相对明确的区域。实施搜救时，首先在半圆形队形基础上，逐步缩小包围圈，最终形成闭环。

1. 口令

成环形队形——散开。

2. 动作要领

当听到“成环形队形——散开”的口令时，在班横队的基础上，两翼向两侧前方拉开，形成包围，实施搜救，如图10－8所示。

3. 注意事项

指挥员要注意观察火情，适时清点人数，防止崴脚。

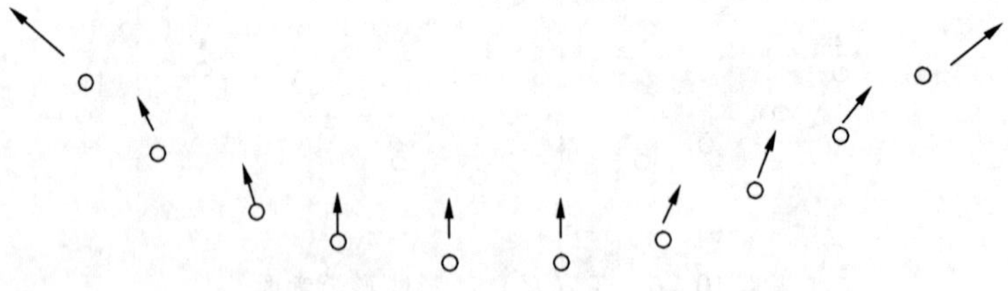

图10－8　环队形示意图

【组织练习】

个人体会、分组练习、集体练习（略）。

【小结讲评】

（略）

训练内容二：运动方法

【理论提示】

组长应在队形中便于观察和指挥的位置。运动中应根据地形、目标概略位置采取不同的运动方法。

【讲解示范】

（一）全组跃进

通常在距目标较远，地形相对平坦、视野开阔的地段采用。

1. 口令

全组——跃进。

2. 动作要领

当听到“全组——跃进”的口令时，在班横队的基础上，以中间指挥员为基准，统一向正前方跃进，实施地毯式搜索，如图 10－9 所示。

3. 注意事项

指挥员要注意观察火情，适时清点人数，防止崴脚。

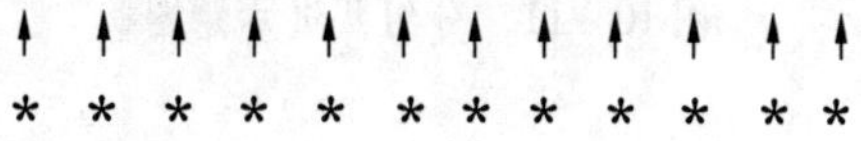

图 10－9　全组跃进示意图

（二）全组各个跃进

通常在目标威胁较大、需要相互掩护时采用。

1. 口令

全组——各个跃进。

2. 动作要领

当听到“全组——各个跃进”的口令时，在班横队的基础上，以最左侧指挥员为基准，指挥员首先向前单独进行跃进，而后，队员依次逐个进行跃进，直至全组跃进完毕。再重复由指挥员、队员依次跃进，实施地毯式搜索，如图 10－10 所示。

图 10－10　全组各个跃进示意图

3. 注意事项

指挥员要注意观察火情，适时清点人数，防止人员走失。

（三）分组跃进

当编成一个大组，下设若干小组时，在搜救人员时，结合部需要互相配合。

1. 口令

分组——跃进。

2. 动作要领

当听到“分组——跃进”的口令时，在班横队的基础上，以最左（右）侧指挥员为基准，指挥员首先向前单独进行跃进，而后，队员依次从左（右）侧逐个进行跃进，直至全组跃进完毕。再重复由指挥员、队员依次跃进，实施地毯式搜索，如图 10－11 所示。

3. 注意事项

（1）整体口令为从左（右）分组跃进，但各小组组长口令为全组跃进。

（2）指挥员要注意观察火情，适时清点人数，防止崴脚。

图 10－11　分组跃进示意图

（四）分组各个跃进

当编成一个大组，下设若干小组时，在目标对我方构成威胁的情况下，需要互相掩护时采用。

1. 口令

分组——各个跃进。

2. 动作要领

当听到“分组——各个跃进”的口令时，各小组在班横队的基础上，以各小组最左（右）侧指挥员为基准，指挥员首先向前单独进行跃进，而后，队员依次从左（右）侧逐个进行跃进，直至各组自行跃进完毕。再重复由指挥员、队员依次跃进，实施地毯式搜索，如图 10－12 所示。

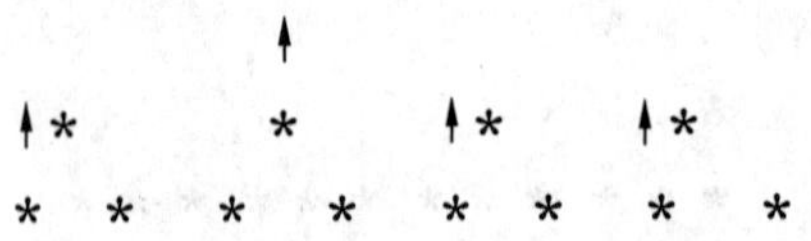

图 10－12　分组各个跃进示意图

3. 注意事项

指挥员要注意观察火情，适时清点人数，防止人员走失。

【组织练习】

（1）分组练习，以班为单位进行小组的各种队形练习，如一（二）路纵队、一字队形、三角队形、梯形队形、弧形队形、“W”队形、环形队形。

（2）集体合练，在各种队形的基础上，以分队为单位开展运动方法练习。如全组跃进、全组各个跃进、分组跃进、分组各个跃进。

【小结讲评】

（略）

作业讲评

（略）

思考题

1. 单兵避险基础动作包括哪些内容？
2. 班（组）火场紧急避险战术包括哪些内容？
3. 如何组织分队火场紧急避险战术训练？
4. 如何组织森林消防单兵安全技能训练？
5. 野外搜救基本队形有哪些？

第十一章　典型案例分析

案例一　2004 年福建古田“4·20”森林火灾

（一）案例摘要

2004 年 4 月 20 日，福建省古田县松吉乡下洋村农民烧田埂草引发森林火灾，造成 3 人死亡、1 人重伤的重大事故。过火面积 21 hm^2，受害森林面积 17.4 hm^2。出动群众 460 人，历时 8 小时将火扑灭。

（二）案例介绍

2004 年 4 月 20 日 13 时 50 分，在福建省古田县松吉乡下洋村“老虎湾”山场，村民苏斯清在“老虎湾”责任田烧田埂草，蔓延至山场而引起森林火灾。

14 时 10 分，古田县林业局接到下洋村群众报告，迅速组织局机关灭火队，松吉乡调动乡灭火队和附近几个村的村民赶赴火场扑救。

1. 火灾现场概况

“老虎湾”山场靠田边地段的山坡较平缓，越往山里山势越陡峭，平均坡度 25°～30°，两边山脊中间弯，山体西南走向，呈马鞍形。整片山场生长着杉木、马尾松混交林，树龄 15 年左右，郁闭度 0.7。林下植被茂盛，山湾里的枯落物厚度为 3～5 cm。由于 2003 年冬天至 2004 年春季霜雪交加，植被干枯，可燃物载量高，构成了易发生高强度森林火灾的环境条件。当时天气晴，风向偏西，风力 2～3 级，温度 17～34 ℃，湿度 30%，火险等级 5 级。

2. 火灾发展过程

火灾发生后，在田边劳动的其他 8 名村民前往救火。他们见火场范围不是很大，只在外面山场燃烧，为了不让林火往里面山场蔓延扩大，就自发在靠田边老虎湾的半山腰处开辟一条防火路，欲拦截山火。大约半小时，老虎湾下方山火烧了上来。尽管当时风不大，但由于是上山火，火借风势，风助火威，加之湾谷狭窄，因此，火势猛烈，蔓延迅速，开辟防火路的人员被山火包围，慌乱中，各自往不同方向逃跑。4 名村民被火围住，最终造成 1 人当场死亡，3 人重伤，在医院治疗中 2 人死亡，整个人员伤亡的过程仅 20 min 左右。

（三）案例分析

造成此次伤亡事件的客观原因是老虎湾山势陡峭，坡度为 25°～30°，有利于上山火蔓延。整片山场生长着杉木、马尾松混交林，郁闭度0.7，枯枝落叶集中分布于鞍部，厚度达3~5 cm，加上高火险天气，最终造成林火发展迅猛。主观原因是村民盲目在林火的上坡位开设隔离带，在大风、陡坡的助推下，上山火冲越隔离带，村民顺风四处逃生，最终造成人员伤亡。

案例二 2010年四川道孚“12·5”山地灌丛草地火灾

（一）案例摘要

2010年12月5日12时30分，四川省甘孜藏族自治州道孚县鲜水镇孜龙村呷乌沟突发草原火灾。火情发生后，道孚县委、县政府立即组织县林业局、农牧局、武装部、甘孜军分区独立营、武警森林部队道孚大队和鲜水镇干部群众赶往火灾现场开展灭火工作，火势于15时左右得到初步控制。15时10分左右，火场突起一阵大风吹燃余火，将部分灭火人员围困在山沟中，短短几分钟内，大火吞噬了22人生命，其中包括15名解放军官兵、5名群众、2名林业职工，另有4人受伤（后又有1名伤员不治身亡）。经过努力，大火于次日完全扑灭，火场过火面积187.28 hm^2。

（二）案例介绍

2010年12月5日12时左右，四川省甘孜州道孚县孜龙村呷乌沟，由于一名6岁儿童野外玩火，引发山地灌丛火灾。

12时20分，当地森林防火部门接到报警后，随即展开灭火行动。

13时30分，驻守在孜龙山附近的解放军甘孜军分区独立营官兵发现火情，教导员、副教导员立即带领62名官兵奔赴火场。当时火场情况是：火场右侧为孜龙山，左侧为呷乌山，中间有一条狭长的深沟——呷乌沟。火先在右侧山坡燃烧，部队官兵到达后，和地方群众在右侧山坡灭火。

15时，山坡明火被扑灭，火势基本得到控制。此时，有群众发现沟底尚有部分余火，教导员当即决定带领部分官兵和地方群众前往沟底清理余火。

15时10分，正当他们快要接近沟底时，火场突起大风吹燃余火，火焰瞬间高达5 m，不到一分钟，烈焰就吞噬了整个左侧山坡，致使身处其中的灭火队员22人死亡（15名解放军官兵、5名地方群众、2名林业职工），1人重伤。

后经增援扑救，明火于次日11时10分被全部扑灭，15时火场达到“三无”，参战人员撤离归建。

（三）案例分析

1. 气象因素

道孚县属寒温带大陆性季风气候区，12月盛行西北风，天气干燥且寒冷。同时，孜龙山呈东西走向，呷乌沟口位于西北方向，形成“烟道”效应，给林火蔓延提供了快速通道。15时左右，气温高、湿度低，属灭火的危险时段；由于风向、风速的不确定性，教导员带领部分官兵和地方群众前往沟底清理余火，存在一定的风险；当火场突起大风时，风险转化成了灾害。因此，道孚火灾伤亡事故从客观上是由于危险地形、易燃植被和危险气象三大自然因素相互作用，导致林火爆发性燃烧，最终造成人员伤亡。

2. 地形因素

“12・5”火灾现场是典型的火场危险地形——陡坡和狭窄山谷。通常，陡坡降水停留时间短，水分容易流失，坡上植被往往干燥易燃。陡坡会改变火行为，火从山下向山上燃烧时，上坡植被受热辐射和热对流的影响，燃烧蔓延速度随着坡度的增加而增加。狭窄山谷通风状况不良，火势发展缓慢时，会形成大量烟雾并在谷内内转沉积，有大量一氧化碳产生，随着时间的推移，山火对两侧陡坡上的地被物进行预热降低可燃物燃点，一旦风力加大，烟雾内转消失，火势会突变。此外，山谷在起风时又为空气的补充创造了条件，其作用如同排烟管道，为强烈的上升气流提供了通道。陡坡与狭窄山谷结合在一起，进一步减少了山火蔓延阻力，使垂直方向的火焰向水平方向发展，热空气的传播速率大大增加。

3. 植被因素

“12・5”火灾现场植被主要为灌丛和草类，冬季的植被含水量低，燃烧强度高。在灌丛中，灭火人员通视、行走较为困难。草类是典型的轻型可燃物，其火行为表现为急进地表火，蔓延速度极快，同时还会向两侧的山坡燃烧形成冲火。谷底由于水肥条件较好，可燃物载量较之山坡更大，可燃物类型又是表面积大的细小可燃物，山火燃烧至此区域，火势发展快，在短时间内容易形成高强度大火。

4. 人为因素

灭火力量是指对林火对象以及环境因素所构成的体系，通过人力、组织、机构、手段、资源等方面的协调，施加一系列的人为干预，最大程度减轻灾害损失的综合能力和运作机制，包括体系、指挥调度、灭火梯队、灭火措施、装备机具、应急通信、信息报告等成分。灭火行动中的“重兵投入”，其概念不是搞人海战术单纯增加兵员数量，而是面向有效作战空间重点投入打击力量。

“12・5”火灾中，由于地势险峻，大型灭火设备在第一时间无法到达现场，灭火队员只能携带便携设备或原始设备进行灭火。现场扑救人员一度达到约 2000 人，但大多是非专业灭火队伍，缺乏专业训练和灭火安全知识。事发时，灭火队伍各自为战，现场统一协调指挥不到位。灭火人员在行动中出现多项人为错误，如火情不明情况下在危险时段深入火场危险地形、从山坡自上而下扑打上山火火头、未沿火线清理火场、未开设安全避险区和疏散逃生路线、未配置个人安全防护装备等。

5. 林火行为因素

“12・5”山地灌丛火灾，初发火为急进地表火，掠过干枯杂草等细小可燃物，因为燃烧不均匀而留下未烧的地块。在火场突起大风条件下，余火急剧燃烧并迅速点燃周围原本未燃的灌丛，此时火行为受坡度与风速双重作用，火焰向水平方向极剧发展，造成宽大的火头（不同于受风速单因子作用时形成的窄火头），两侧的火翼有狂燃之势，火线蔓延速度紊乱，热能释放量极高。在燃烧过程中，由于山谷地形导致热量不平衡，使火呈快速旋转式向前蔓延而形成火旋风，火旋风容易产生速度极高的涡流状气流，进一步提高燃烧速度。此外，人员在火场奔跑时产生的负压，还会吸引火旋朝着跑动方向旋转过来，发生“火追人”现象。

呷乌沟为“V”形深切狭窄山沟，当一侧山坡剧烈燃烧，火强度很大时，很容易把产生的热量通过热辐射水平传递到达对面的山坡。当对面山坡接受足够热量时，会突然产生爆炸式燃烧，也就是轰燃。

案例三　2019 年山西沁源“3·14”森林火灾

（一）案例摘要

2019 年 3 月 14 日，山西省长治市沁源县沁河镇南石村发生一起森林火灾，18 时 40 分左右，明火扑灭，火场得到控制。火灾造成 6 名消防员牺牲、1 人轻伤，火灾原因为村民在地里耕作时使用明火。

（二）案例介绍

2019 年 3 月 14 日 15 时 35 分许，山西省长治市沁源县沁河镇南石村发生一起森林火灾。接到报告后，县委、县政府立即启动应急预案，组织 2000 余人扑救。18 时 40 分左右，明火扑灭，火场得到控制。

3 月 14 日 17 时许，在扑救过程中，因风向突变，7 名森林消防队员被困火场，经搜救被送往沁源县人民医院全力抢救，其中 1 名轻伤，6 名抢救无效，不幸牺牲。

（三）案例分析

1. 前期天干物燥，导致森林火险等级持续偏高

温度是影响水分蒸发的重要条件之一，温度越高，水分蒸发速度越快，越干燥，可燃物的燃点就越低，越容易发生森林火灾。进入 2019 年，沁源县降水偏少，气温偏高，大部分地区发生了气象干旱。事发前期，沁源县以晴到多云天气为主，无有效降水，气温回升较快、平均气温偏高，土壤水分蒸散量较大，导致当地森林火险气象等级持续偏高。

2. 火场周边干燥且植被多为油松，助长了燃烧的火势

火场植被以油松为主，灌木、高草交织，在这场大火中，茂密易燃的油松成为助长火势的“主要燃料”。另外，相对湿度的变化直接影响可燃物的含水量，火灾发生当天，火场附近相对湿度在 12 时 11 分下降至 11%，枯枝、落叶含水量极低，促进了可燃物的迅速燃烧。

3. 大风导致火势迅速蔓延，风向多变给扑救工作带来极大困难

风力是火灾发展蔓延的重要条件，不仅能加速可燃物水分的蒸发、降低林内空气湿度，还可以改变热对流，增加热量流动，同时，风还能及时补充燃烧所需要的氧气，加速

燃烧进程，对森林起到助燃的作用。火灾当天，火场附近以多云为主，9 时之后风力快速增大，13 时风速达到了 21.0 m/s，与此同时，火场周边其他地区也相继出现大风天气，在 15 时 47 分风速达到 24.2 m/s，林火借风势迅速蔓延。在扑救过程中，火场主导风向多变，给扑救工作带来很大困难。

案例四　2019 年四川木里“3·30”森林火灾

（一）案例摘要

2019 年 3 月 30 日 18 时，四川省凉山州木里县雅砻江镇立尔村发生森林火灾，着火点在海拔 3800 m 左右，地形复杂、坡陡谷深，交通、通讯不便。3 月 31 日下午，灭火人员在转场途中，受瞬间风力风向突变影响，突遇山火爆燃，30 名灭火人员遇难。4 月 5 日，火灾确认为雷击火，整个火场得到全面控制，火场过火面积约 20 hm^2。

（二）案例介绍

2019 年 3 月 30 日 18 时许，四川省凉山州木里县雅砻江镇立尔村发生森林火灾，着火点在海拔 3800 m 左右，地形复杂、坡陡谷深，交通、通讯不便。据凉山州人民政府新闻办公室消息，火场在雅砻江边上，距木里县车程 6 到 7 个小时，火场平均海拔 4000 m，多个火点均位于悬崖上。

2019 年 3 月 31 日下午，灭火人员在转场途中，受瞬间风力风向突变影响，突遇山火爆燃，30 名灭火人员失去联系。

2019 年 4 月 1 日，四川省林业和草原局向省委省政府的紧急报告显示，这场火灾是雷击引起。

2019 年 4 月 2 日，森林公安进入现场勘查起火点和起火原因。6 时 30 分，现场联合指挥部经过现地勘察，火场已没有明火，只有内线悬崖上有少量烟点，已没有蔓延威胁。

2019 年 4 月 5 日，四川省森林公安局和凉山州森林公安局消息称，经过森林公安部门侦查后确认，木里森林大火的起火点和雷击树木均已找到，确认为雷击火。着火点是一棵云南松，位于山脊上，树龄约 80 年。

2019 年 4 月 5 日 12 时 44 分，接凉山州森林草原防火指挥部办公室报告，木里县雅砻江镇立尔村森林火灾火烧迹地内仅剩的 3 个烟点处理完毕，整个火场得到全面控制，已无蔓延危险，火场总过火面积约 20 hm^2。

（三）案例分析

1. 气象因素

风作为助燃物，为轰燃的发生提供了充足的氧气。在峡谷地形中，当林木不充分燃烧产生的一氧化碳经过一段时间的聚集，其浓度已达到爆炸极限，此时，一旦有风吹入谷内，一氧化碳就会与空气充分混合，遇有火源产生带有冲击力的预混燃烧。其特点是燃烧反应快（≤10 s），温度高，火焰传播速度快，人若在其中则很难逃生。

2. 可燃物因素

木里林业用地面积 84.48 万 hm^2，占幅员面积的 63.75%；森林覆盖率 60.4%，木材蓄积量 1.05 亿 m^3，居全省各县之冠。其中，针叶林占林地总面积的 96.3%。当木材不充分燃烧时，温度在木材燃点（250～300 ℃）以下，此时木材分解的主要产物是一氧化碳（约占燃烧产物的 40.17%），其次是氢气和碳氢化合物（约为 3.76%）。一氧化碳的密度（1.250 g/L）和空气密度（1.293 g/L）相当，在相对较低的温度下几乎可以和任何混合物混合燃烧，爆炸浓度极限很宽。

3. 地形因素

四川省木里县地处青藏高原东南缘，横断山脉中段东侧，岭谷相对高差很大，地势由东南向西北逐渐升高，最高处为西北贡嘎岭的恰朗多吉峰，海拔 5958 m；最低处为冲天河与金沙江汇流的三江口，海拔 1470 m，其间相对海拔高度为 4488 m。全县形成三个大地貌，即西北部的山原地貌，东南部中山深切割山地貌和西南部的高山深切割山貌。火场为三面环山、坡陡沟深的单口山谷，消防员清理谷内烟点时，风力风向突变，突发轰燃，最终造成 30 人遇难。

案例五　2020 年四川西昌“3·30”森林火灾

（一）案例摘要

2020 年 3 月 30 日 15 时，四川凉山州西昌市突发森林火灾，火势向泸山景区方向迅速蔓延，威胁西昌城区。3 月 31 日 1 时 30 分，在救援过程中，因火场风向突变、风力陡增、飞火断路、自救失效，致使参与火灾扑救的 19 人牺牲、3 人受伤，受害森林面积 791.6 hm^2。

（二）案例介绍

2020 年 3 月 30 日 15 时，四川凉山州西昌市突发森林火灾，火势向泸山景区方向迅速蔓延，大量浓烟顺风飘进西昌城区，全城被一层黄色烟雾笼罩，空气中弥漫着一股树木燃烧后的焦味，山火灰四处飘散。火灾直接威胁马道街道办事处和西昌城区安全，其中包括一处石油液化气储配站（存量约 250 t）、两处加油站、四所学校以及西昌最大的百货仓库等重要设施。

截至 2020 年 3 月 31 日 16 时，西昌森林火灾过火面积 1000 余公顷，毁坏面积为 80 余公顷。

2020 年 4 月 1 日 13 时 25 分，四川凉山州西昌市经久乡境内泸山正面明火全部扑灭，西昌山火 3 条火线明火全部扑灭，扑救取得阶段性成果。

2020 年 4 月 1 日 19 时，因风力强、风速快，南线电池厂后山火线很快向东蔓延至海南街道办后山，形成南线和东线。在省州市联防指挥部的部署下，消防救援队伍、地方专业灭火队、地方群众等全力出动、奋力扑打，确保了海南加油站、光福寺等重点区域安全。

2020 年 4 月 2 日 12 时 01 分，四川凉山州西昌市经久乡森林火灾取得重大战果，明火已全部扑灭，转入清烟点、守余火、严防死灰复燃阶段。

（三）案例分析

1. 地理环境复杂

凉山州地貌格外复杂多样，平原、盆地、丘陵、山地、高原兼之。在山谷洼地、草塘沟等较封闭的地形中，容易聚集可燃气体。正常情况下，风由火场外吹向火场内，但当风向发生转变时，风裹挟火焰吹向可燃气体聚集区，导致可燃气体被引爆，产生的冲击波以数百米每秒的速度向四周传播，形成更为广泛的高温区，导致所到之处更多可燃物被引燃，产生爆燃现象。如果只是林木燃烧，还只属于固体燃烧范畴。然而，一旦发生爆燃，本质上就成了气液相化学药剂爆炸，火灾的破坏力成倍增加。由于地势陡峭，救援设备和人员难以像平原一样轻松抵达着火点，很多情况下灭火队员不得不背着设备徒步上山扑救，极大地降低了救火效率。

受地形气候条件影响，火场情况千变万化，尤其是局部小地形容易产生涡流，火场风力风向不定，容易导致林火行为突变，难以准确预判火场蔓延情况，给灭火人员的安全造成威胁。

2. 天气条件极为不利

每年冬春季节是凉山州的干旱季节，天干物燥风大，防火期从 1 月持续到 6 月底。凉山州气象信息中心的统计数据显示，2 月 21 日—3 月 30 日，全州平均温度 14.2 ℃，较历史同期异常偏高 2.0 ℃。全州平均降水量 12 mm，较历史同期偏少 44%，其中西昌偏少 88%，木里偏少 64%。由于西昌处于河谷地带，风向本来就多变，一会是吹上山风，一会吹下山风。此外，火场空气温度不均匀，冷热气团相遇后也会扰动风向。当风向变化时，就会将林木燃烧时形成的浓烟吹向消防人员，烟尘会快速笼罩一大片区域，一旦浓烟导致扑救队员窒息，就十分危险。

3. 火场森林属于易燃植被

凉山州大部分地区是原始林区。原始林区森林植被茂密，林下可燃物多，腐殖层、泥炭层厚，腐朽木、倒木多，明火扑灭后仍有地下火燃烧，产生阴燃，持续时间长，隐蔽性强，烟点清理困难，容易复燃。此地森林集中，连片分布，植被又以云南松、高山松为主，长期枯枝落叶形成了较厚的地面腐殖层，特别是天然林商业性采伐全面停止以及近年退耕还林还草持续推进，林下可燃物大量累积，为森林发生火爆提供了可燃物条件。此外，这种高山峡谷区域，人为干预较少，可燃物累积较多，易产生火爆和爆燃等极端火行为，对人员造成严重威胁。

4. 道路交通不便

起火点位于人迹罕至的陡峭山林，火场交通不便，靠徒步爬山前往，进入火场后不易判断火情，身处危险地而不易觉察。特别是原始林区，没有道路，人员行进困难，赶赴火场途中就要消耗大量的时间和人员体力。山区地形极大地限制了人员活动，大型灭火器材很难快速抵达现场，也限制了一些在其他火场比较适合的灭火方法，如开设防火隔离带等。

案例六 2001年美国“三十英里”森林火灾

（一）案例摘要

2001年，美国华盛顿州持续干旱长达45天，火险等级居高不下。7月10日，奥卡诺根－韦纳奇国家森林公园“三十英里”发生山火，期间14名灭火队员和2名平民被大火包围，队员利用防火罩实施紧急避险，但仍有4名队员在大火中窒息而死。

（二）案例介绍

1. 林火初发阶段

2001年7月9日21时，奥卡诺根－韦纳奇国家森林公园“三十英里”发生山火，在大风的作用下火势不断扩大。

24时，湖区/利芬沃斯兰杰区的11名队员和纳彻斯保护区的10名队员向莱文沃思集结。同时，西北正规灭火队第六队（简称“西北六队”）开始在华盛顿州莱文沃思集结；西北六队的大多数队员来自多个单位，在调度前已在另外一个火场工作了一整天，队员几乎没有睡觉。

2. 灭火行动阶段

7月10日7时，西北六队抵达特威斯普。9时，西北六队抵达“三十英里”火场，西北六队队长接管现场指挥员，会同混编队领队、区森林防火办公室官员讨论灭火战术。区森林防火办要求设置路障，防止群众进入该地区。

11时，西北六队开始实施灭火行动。由于现场无法实施水泵灭火，实习队长取消了一名消防员在河东侧的观察哨。13时，两名平民驾车沿切赫河道路穿过火线到了“三十英里”的露营地。15时，由于火势猛烈，出于安全考虑，西北六队离开火线，在河流西侧的路边休息。区域火灾管理助理建议将林火控制在公路以东。

15时20分，在峡谷东坡形成了上山火。701号和704号消防车到达“三十英里”火场。701车沿切赫河峡谷路巡查飞火，超越了路边队员在峡谷上游约400 m（1/4英里）处开始扑打飞火。

16时3分，瞭望塔报告火场形成对流烟柱。701号车迅速抵达后不久，呼叫现场指挥员并要求增援，以扑救峡谷上游的飞火。西北六队第1小队被派去增援。在第1小队到达数分钟后，701号车开往了峡谷下游的其他飞火点。

16时20分，西北六队第2小队被叫去支援701号车扑灭另一处飞火。

16时34分，火势已形成树冠火，伴随飞火频发，向公路东侧逼近。西北六队第3小队被分配协助峡谷下游 704 号消防车。数分钟后大火越过公路，向西北六队第 3 小队袭来。现场指挥员和 9 名西北六队队员跳进面包车并沿路下行，其他 4 名队员开始徒步跑到路上，共 14 人全部被路两侧的林火阻断，无法撤退到峡谷下游。

3. 被火包围阶段

16 时 40 分，大火完全切断了面包车的退路。现场指挥员经过评估，选定峡谷上游约 1.6 km 处公路上方的岩石坡作为紧急避险区域。此区域在切赫河东侧，植被相对稀疏，峡谷在此陡降，一片裸石坎形成了宽的隔离带，公路下面正好是切赫河和一个沙滩。

16 时 50 分，灭火队员们到达了紧急避险区。第 2 小队的小队长观察到岩石坡可作为一个避险区域，但认为公路将是更好的避险区域。期间 6 名纳彻斯保护区员工在距公路上方约 12 m 的岩石坡上设置防火罩，同时密切注意逼近的大火；现场指挥员和其他队员共 8 人在公路上部署防火罩。

17 时，据空中观察估计火场面积超过 200 hm^2，两个发展极快、反向旋转的对流柱已经形成，一个在河流的山坡东面和另一个在峡谷底部。不久，两股对流柱在峡谷相遇，最终形成急进树冠火。之后大火越过公路，沿连续、密集的活立木林冠层朝着上游快速蔓延近 1.61 km（一英里）。

4. 紧急避险阶段

17 时 24 分，当火头袭向灭火队员和平民时，灰烬如雨点般地落在火焰前方。现场指挥员要求队员们立即利用避火罩避险，此时，一名原先在岩石坡上避险的纳彻斯区队员，跑向公路上的队伍，让两名平民一起躲入他的防火罩中。

当大火逼近岩石坡上的消防员时，岩石坡上的 5 名纳彻斯区队员和第 2 小队小队长在距离公路 30 m 的岩石坡上密集部署各自的防火罩。他们所在的岩石尺寸 0.15 ~ 0.96 m，岩石上堆积有粗大的可燃物。

不久，第 2 小队小队长发现他的防火罩开始有火并充满烟雾，他确信如果继续留在此地将无法生存。于是，第 2 小队小队长果断放弃防火罩，从岩石坡上跑到公路，并跳进河里。第 2 小队小队长身穿充分的个人防护设备，包括防护面罩，在整个避险过程只是轻微烧伤。

在岩石坡避险的一名幸存者的防火罩部署在第 2 小队小队长旁边，他未戴手套，双手向下牢牢抓住防火罩并试图熄灭罩内的火，被严重烧伤。几分钟后，他也放弃了自己的防火罩，逃向公路跳上面包车避难，而面包车最终仅塑料车牌架被烤熔。

在公路上远离可燃物的地方部署防火罩的灭火队员，所经受的温度低于 278 ℃，防火罩损伤较少。公路上的队员和平民仅在防火罩内待了很短的一段时间，便效仿第 2 小队小队长跳入河里避险，约 15 min 后都转移到沙滩。

在岩石坡避险区的 4 名纳彻斯保护区队员被大火吞噬。尽管这 4 名队员都部署了防火罩，但紧急避险区的气温约 667 ~ 889 ℃，远远超过防火罩的防护能力。灭火队员无法保护自己的呼吸通道，在吸入热空气后窒息死亡，紧急避险区域如图 11 - 1 所示。

图 11－1　“三十英里”火灾紧急避险区域示意图

（三）案例分析

1. 行动错误

前线指挥部做出让西北六队去扑灭峡谷上游飞火的决定，引发了伤亡事故的事件链。就在队员重新调动之际，大火越过他们背后的公路，被围的队员只有几分钟时间来避免此次灾难性事件。火场指挥员缺乏对林火态势的科学预判，导致队伍被林火包围。在采取紧急避险措施期间，被围的队员们犯下了一系列的致命错误。

被围队员低估了林冠火的破坏力和林火的严重性，没有抓紧利用有限的时间来提高生存机会，最终造成了重大人员伤亡。

2. 林火行为

造成此次事故的林火行为是树冠火，由于消防员正好处在极端燃烧条件下的林火必经之路上，因此造成了重大人员伤亡。

树冠火产生的强风足以将一棵大树连根拔起。“三十英里”火场的风，拔起了峡谷上游避险区的数百棵树。树冠火产生的高温热流、气体、灰烬威胁到远离主火场的消防员人身安全。切赫河峡谷的地形形成了火能量传播的管道，使看起来安全的地方成为了绝境。岩石坡避险区内大小不一的岩石，使布设的防火罩很难得到良好的密封，防火罩内的热气降低了灭火队员保护自身的能力。枯枝腐木散布在整个岩石坡避险区，极易被点燃并形成高热环境。

3. 避险位置

岩石坡避险区和公路避险区只有 30 m 的水平距离和 4.6 m 的高差，但两个区域的避险效果却截然不同。灭火队员在稍高一些的岩石坡更容易遭受林火袭击。原因主要有四点：一是岩石坡太靠近立木；二是大石块使布设的防火罩很难得到良好的密封；三是可燃物零散分布在岩石之间；四是在斜坡稍高处，比在公路或河流处更容易受到热对流影响。

在公路上实施避险是正确的。在公路上避险的所有人都活了下来，他们经受的温度低于278 ℃，路上的面包车也只有轻微损坏，防火罩基本上完好无损。

沙滩或河流是该地区最好的紧急避险区。因为河水相对较浅、流速缓慢，队员不会被淹没或冲走。水面像一个大散热片，可以吸收大量的热量，灭火队员靠近冷水能更好地呼吸。有的队员把防火罩带入河中，这也是一个很好的避险方法。

4. 个人防护装备

在岩石坡紧急避险区，两个幸存队员放弃防火罩，转移至公路和河流，一人轻微烧伤，一人双手和脸部被严重烧伤。轻微烧伤的队员在紧急避险期间一直佩戴着防护面罩、手套，而另一名队员的手套落在车里，并且没有戴防护面罩，最终造成烧伤，这也说明了个人防护装备的重要性。在火灾扑救过程中，所有队员都要将个人防护装备穿戴齐全，若需暂时脱下手套，可将其挂在腰带上或可以随手拿到的地方。

5. 人为因素

一是队伍缺乏凝聚力，西北六队的成员包括来自纳彻斯和湖区/利芬沃斯保护区的队员，是火灾发生时临时组建的，队员之间很多都不认识。当西北六队被火围困时，凝聚力缺乏就变得非常明显。原先相互熟悉的队员各自会聚在一起，在岩石坡上避险丧生的灭火队员均来自纳彻斯保护区。二是过于疲劳，疲劳影响了大多数灭火队员的判断和思考。西北六队的大多数队员在调度之前，已在另一个火场工作了一整天，睡眠不足2小时，疲劳使队员保持对周围情况的警觉和作出正确决策变得困难。三是指挥能力不足，一旦灭火队员意识到被火围困，应该马上明确负责人，灭火队员应遵守负责人的命令直到险情解除。负责人应该清楚被困人员的位置和人数，利用现有的专业知识，包括空中资源和瞭望，拟制紧急避险方案。方案一经确定，所有被困灭火队员必须严格执行，无论是否存在潜在危险，都应该立即准备紧急避险行动。

案例七 2005年西班牙莫利纳和阿尔托塔霍地质公园保护区森林火灾

（一）案例摘要

2005年7月16日，西班牙瓜达拉哈拉省莫利纳和阿尔托塔霍地质公园保护区因游客野外烧烤引发森林火灾，大火持续燃烧4天，共造成11人死亡、1人重伤，过火面积达1.2万 hm^2。

（二）案例介绍

1. 起火原因

2005年7月16日14时左右，在西班牙瓜达拉哈拉省莫利纳和阿尔托塔霍世界地质公园，一群游客在参观完卡萨雷斯洞穴后，起意要进行露天烧烤。当天瓜达拉哈拉省天气炎热且伴有 7～8 级的阵风，导游多次劝阻无果，这群游客仍坚持在一处沙石裸露的空地进行野外烧烤。由于疏忽大意，烧烤结束后，游客未彻底清理余火。16 时左右，烧烤的余烬引燃了空地附近的杂草，在大风的作用下迅速向四周蔓延。游客发现后试图扑救，但徒劳无功。此时，火借风势迅速穿过草地，烧向附近的山坡，最后蔓延至一片原始松林，此时火势完全失控。

2. 伤亡经过

2005 年 7 月 17 日，大火蔓延至米拉格罗斯山谷，严重威胁到圣玛丽亚・德尔・埃斯皮诺村等村庄的安全。灭火前线指挥部研判火情后命令所有地面及空中灭火力量不要直接扑打火线，尤其是发展迅猛、逼近圣玛丽亚・德尔・埃斯皮诺村的左翼火线，而是采取重点设防、精准支援的方式，及时处置逼近人口密集区域的火线。根据命令，灭火队伍在圣玛丽亚・德尔・埃斯皮诺村迅速集结，做好大火来袭的准备。

灭火队伍负责人决定将山火控制在距离村庄不远的米拉格罗斯山谷的山脊处，因为山脊线上的植被主要是松树林边缘的低矮灌丛，火势较弱。

16 时 30 分，负责人带领 12 名消防员，乘坐 5 辆车沿林区公路行进。1 名消防员和负责人分别驾驶第一和第二辆全地形车，第三辆全地形车乘坐了 7 名消防员，后面两辆水罐车分别乘坐了 2 人和 1 人。17 时 10 分，车辆到达山脊指定位置，两辆水罐车开始铺设水带，准备依托林区公路对山脊两侧的山火进行扑打。

17 时 15 分，山谷底部猛烈燃烧的山火，在大风的作用下，产生飞火引燃了山谷右侧南坡的松林，由于山谷底部能见度低及地形凸起的影响，在山脊处的消防员并没有察觉到其正下方刚刚燃起的火点。不久，这处火点迅速发展为立体燃烧的树冠火，并形成爆燃。这时，消防员发现火势已难以控制，原来的灭火行动已失效，于是决定迅速原路撤离。

为尽快脱险，他们将 10 吨重的水罐车留在原地，车上 2 人乘坐第二辆全地形车转移。在撤离过程中，第一辆全地形车在前，第二、三辆全地形车紧随其后，水罐车最后。当前车行驶距离不到 400 m 时，在山脊下方峡谷发生了第二次爆燃，在爆燃冲击波的助推下，火焰沿斜坡急冲而上，最终堵住了他们的逃生路线。

几秒钟，山脊遍布炙热烟气，第一辆全地形车缺氧熄火，车上的消防员不得不下车，由于山脊浓烟弥漫，呼吸困难，加之视线被烟雾遮蔽，他仅奋力前行了数米就被熊熊烈焰吞没。紧随其后相距 100 m 的第二辆全地形车上的 3 名消防员同样遭此厄运。事故地区的山谷林火爆燃如图 11－2 所示。

箭头显示了从山谷底部两次爆燃的过程。当山谷右侧斜坡的松树林（B）中发生第一次爆燃时，消防员正在山脊右侧松树林（A）中灭火。当消防员撤离时，山谷左侧斜坡（C）上发生第二次爆燃，将山脊左侧撤离道路阻断，第一辆全地形车位于图 11－2 中的 D 处。

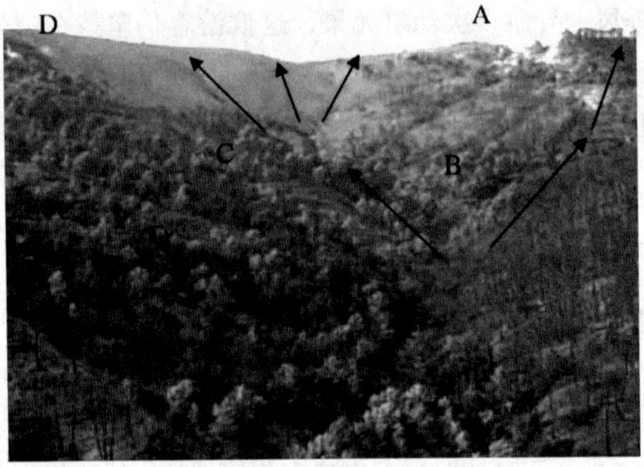

图 11－2　事故地区的山谷林火爆燃示意图

第三辆全地形车的驾驶员看到前方火势汹涌，迅速改变逃生路线，先沿公路右转进入尚未过火的灌木和岩石裸露区域，然后左转，在与原道路平行又有一定距离的山脊另一边行驶，当时火场烟雾浓密，现场能见度为零，驾驶员只能盲目前行，直到撞上一堵石墙，造成车辆严重受损。7 名消防员中，5 人拼命逃离并在石墙边避难，另外 2 人则被困在车里。17 时 25 分，大火到达他们所在的位置，7 名消防员全员遇难。

水罐车驾驶员因为忙着撤收水带和关闭消防车泵，延误了撤离进度，远远地落到最后。当他登上车时，烟雾已完全覆盖整个山脊，驾驶员只能凭感觉驾驶，但很快他驾驶的车辆偏离公路，向一条深谷滑落。危急时刻，他从副驾驶的车窗中跳出，落地后身受重伤，但他坚持爬向另一台水罐车，并奋力打开了水罐车的一个出水口，让水流到他身上，缓解了大火的高温炙烤，得以逃生。

（三）案例分析

发生本次事故客观原因是 2005 年以来伊比利亚半岛持续干旱，连续 3 个月滴雨未下，植物十分干燥，加之大风天气影响，火灾危险性极高。而造成人员伤亡的重要原因是火势发生迅猛，火焰强度快速发展，以致连续发生两次林火爆燃。初始爆燃发生在南侧斜坡，当大火蔓延至左侧斜坡时，在左侧斜坡引起了第二次非常迅猛的爆燃，刚好位于消防员撤离路线的下方，最终造成 11 名消防员死亡、1 人重伤。

思考题

1. 分析 2010 年四川道孚“12 · 5”山地灌丛火灾人员伤亡原因。
2. 分析 2019 年山西沁源“3 · 14”森林火灾人员伤亡原因。
3. 分析 2019 年四川木里“3 · 30”森林火灾人员伤亡原因。

4. 分析2020年四川西昌“3·30”森林火灾人员伤亡原因。

5. 分析2001年美国“三十英里”森林火灾人员伤亡原因。

6. 分析2005年西班牙莫利纳和阿尔托塔霍地质公园保护区森林火灾人员伤亡原因。

参考文献

[1] 张运生，舒立福．森林火灾扑救组织与指挥［M］．北京：中国林业出版社，2016.
[2] 齐方忠，殷继艳．林火原理与应用［M］．北京：中国林业出版社，2020.
[3] 李俊清．森林生态学［M］．北京：高等教育出版社，2017.
[4] 刘发林．森林防火［M］．北京：中国林业出版社，2018.
[5] 国家森林防火指挥部办公室．扑救森林火灾典型案例［M］．北京：中国林业出版社，2018.
[6] 殷继艳，李勇，张国壮．森林火灾监测与预警［M］．北京：中国林业出版社，2018.
[7] 李建明．森林火灾案件现场勘察［M］．广州：羊城晚报出版社，2016.